Trainingsband

Mathematik für Gymnasien

Schätz
Eisentraut

C.C.BUCHNER
DUDEN PAETEC
Schulbuchverlag

delta

Mathematik für Gymnasien
Herausgegeben von Ulrike Schätz und Franz Eisentraut

Der Trainingsband zu delta 11 wurde verfasst von Dr. Matthias Brandl, Thomas Carl, Franz Eisentraut, Bernhard Horn, Stephan Kessler, Dr. Karl-Heinz Sänger, Ulrike Schätz und Matthias Treuheit

Gestaltung und Herstellung:
Wildner + Designer, Fürth · www.wildner-designer.de

1. Auflage 4 3 2 1 2013 2011 2009

Die letzte Zahl bedeutet das Jahr dieses Druckes.
Alle Drucke dieser Auflage sind, weil untereinander unverändert, nebeneinander benutzbar.

www.ccbuchner.de
www.duden-paetec.de

ISBN 978-3-7661-**8271**-5 (C. C. BUCHNERS VERLAG)
ISBN 978-3-8355-**1133**-0 (DUDEN PAETEC Schulbuchverlag)

Kapitel 1

Fortführung der Funktionenlehre

1. Ergänzen Sie die Tabelle möglichst weitgehend durch Überlegen.

	Funktionsterm	Nullstellen des Nennerpolynoms	$D_f = D_{f\,max}$	Pole und ihre Ordnung	Vorzeichenwechsel?	Nullstellen von f
a)	$f(x) = \frac{4x}{x^2-1}$	$x^2 - 1 = 0$; $x_1 = 1$; $x_2 = -1$	$\mathbb{R}\setminus\{-1; 1\}$	$x_1 = 1$: Pol 1. Ordnung; $x_2 = -1$: Pol 1. Ordnung	ja ja	$4x = 0$; $x_3 = 0 \in D_f$
b)	$f(x) = \frac{2}{x^2(x-1)}$	$x^2(x-1)$				
c)	$f(x) = \frac{x^4 - 5x^2 + 4}{x^2 + 1}$					
d)	$f(x) = \frac{4}{x} - \frac{2}{x^2}$					
e)	$f(x) = \frac{x-1}{2x}$					
f)	$f(x) = \frac{4x}{x^2-4}$					
g)	$f(x) = \frac{8-4x}{x^3}$					
h)	$f(x) = \frac{x^2+1}{x+1}$					
i)	$f(x) = \frac{2x}{x+1} + \frac{2x}{x-1}$					
j)	$f(x) = \frac{x^2+3x}{x+2}$					
k)	$f(x) = \frac{10}{x^2-3x+2}$					

Nebenrechnungen:

2. a) Ergänzen Sie die Tabelle möglichst weitgehend durch Überlegen.

Funktionsterm	$f(x) = \frac{3}{x}$	$f(x) = \frac{3}{x^2}$	$f(x) = \frac{4x}{x^2 + 4}$	$f(x) = \frac{x^2}{2x - 4}$	$f(x) = \frac{2x}{4 - x^2}$
$D_f = D_{f\,max}$	$\mathbb{R}\setminus\{0\}$				
G_f ist achsensymmetrisch zur y-Achse	nein				
G_f ist punktsymmetrisch zum Ursprung	ja				
G_f verläuft durch den Ursprung	nein				
Der Punkt P (1 I 3) liegt ...... G_f	f(1) = 3: P liegt auf G_f		$f(1) = \frac{4}{5} < 3$: P liegt oberhalb von G_f		
G_f verläuft durch die Quadranten...	III und I				

Funktionsterm	$f(x) = \frac{x(x-1)}{2x + 1}$	$f(x) = \left\lvert\frac{1}{x}\right\rvert$	$f(x) = \frac{16}{(x + 1)^2}$	$f(x) = x^3 + x + \frac{1}{x}$	$f(x) = x^3 + x^2 + \frac{1}{x^2}$
$D_f = D_{f\,max}$					
G_f ist achsensymmetrisch zur y-Achse					
G_f ist punktsymmetrisch zum Ursprung					
G_f verläuft durch den Ursprung					
Der Punkt P (1 I 3) liegt ...... G_f					
G_f verläuft durch die Quadranten...					

b) Finden Sie heraus, die Graphen welcher der zehn Funktionen durch die beiden Abbildungen dargestellt werden, und geben Sie jeweils eine Begründung an.

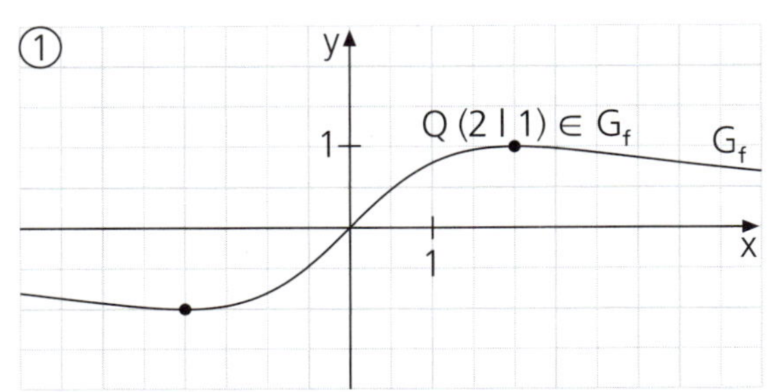

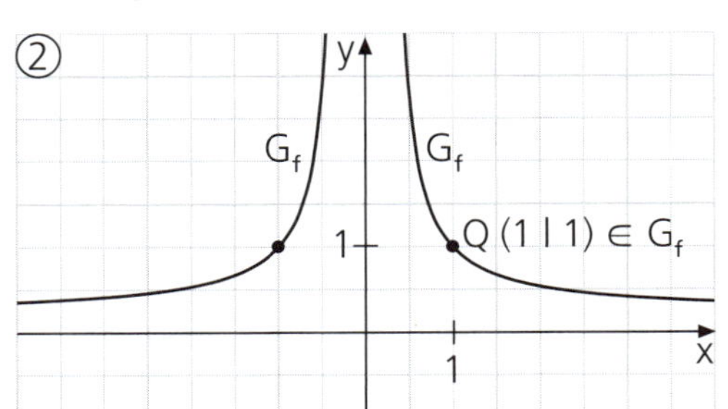

1. Ermitteln Sie jeweils den Grenzwert.

a)	$\lim\limits_{x \to \infty} \frac{15x + 3}{5x - 2}$
b)	$\lim\limits_{x \to \infty} \frac{4x^3 - x}{4x^3 - 2}$
c)	$\lim\limits_{x \to \infty} \frac{x^2 - 4x + 3}{x^2 + 2x}$
d)	$\lim\limits_{x \to \infty} \frac{2x^2}{x^2 + 1}$
e)	$\lim\limits_{x \to \infty} \frac{x(x + 2)^2}{-0{,}5x^2(x - 4)}$
f)	$\lim\limits_{x \to \infty} \frac{(x - 3)(x + 2)^2}{2x^2(x - 4)}$
g)	$\lim\limits_{x \to \infty} \frac{(2x - 1)^3}{(x - 1)(x + 2)^2}$
h)	$\lim\limits_{x \to \infty} \frac{(x + 7)^5}{4x(x - 3)^6}$

2. Für jede der vier Funktionen f mit dem angegebenen Funktionsterm gilt $D_f = D_{f\,max}$. Untersuchen Sie jeweils das Verhalten von f bei Annäherung an die angegebene Definitionslücke.

a)	$\lim\limits_{x \to 2+} \frac{x^2 - 4}{x - 2}$ $\lim\limits_{x \to 2-} \frac{x^2 - 4}{x - 2}$
b)	$\lim\limits_{x \to 0+} \frac{x^3}{x(x + 1)}$ $\lim\limits_{x \to 0-} \frac{x^3}{x(x + 1)}$
c)	$\lim\limits_{x \to -1+} \frac{2(x + 1)}{x(x + 1)}$ $\lim\limits_{x \to -1-} \frac{2(x + 1)}{x(x + 1)}$
d)	$\lim\limits_{x \to -3+} \frac{x^2 - 9}{2x^2(x + 3)^2}$ $\lim\limits_{x \to -3-} \frac{x^2 - 9}{2x^2(x + 3)^2}$

3. Geben Sie zunächst zu jedem der acht Funktionsterme die größtmögliche Definitionsmenge $D_{f\,max}$ an. Finden Sie dann möglichst durch Überlegen heraus, welche der acht Funktionen $f: x \mapsto f(x);\ D_f = D_{f\,max}$, einen Graphen mit

(I) (mindestens) einer senkrechten Asymptote
(II) einer waagrechten Asymptote
(III) einer schrägen Asymptote

besitzen, und geben Sie jeweils die Asymptotengleichung(en) an.
Sollte der Graph einer dieser Funktionen mehr als eine Asymptote besitzen, so untersuchen Sie, ob die Asymptoten gemeinsame Punkte haben.

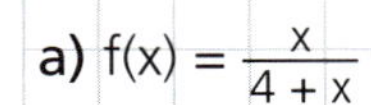

a) $f(x) = \frac{x}{4 + x}$

b) $f(x) = \frac{7}{x^3}$

c) $f(x) = \frac{x}{4x^2 + 1}$

d) $f(x) = x - \frac{2}{x^2}$

e) $f(x) = 2x - \frac{3}{(x + 2)^2}$

f) $f(x) = x + 10 - \frac{10}{x^2 + 1}$

g) $f(x) = \frac{3x}{4x + 8}$

h) $f(x) = \frac{x^2}{x^2(4 + x)}$

Ergänzen Sie die Tabelle:

G_f …	… ist punktsymmetrisch zum Ursprung	… verläuft durch den Ursprung	… besitzt die x-Achse als Asymptote	… besitzt eine schräge Asymptote

1. Finden Sie heraus, der Graph welcher der vier Funktionen die Gerade g mit der Gleichung $y = 3x + 1$ als schräge Asymptote besitzt.

a) $f\colon f(x) = \frac{3x + 1}{x^2}$; $D_f = D_{f\,max}$

b) $f\colon f(x) = 3x + 1 + \frac{1}{x}$; $D_f = D_{f\,max}$

c) $f\colon f(x) = \frac{6x^2 + 2x + 2}{2x}$; $D_f = D_{f\,max}$

d) $f\colon f(x) = 3x + 1 + \frac{x^2}{x^2 - 4}$; $D_f = D_{f\,max}$

2. Es ist $f\colon f(x) = \frac{3x + 6}{(x - 2)(x + 1)^2}$; $D_f = D_{f\,max}$. Der Graph der Funktion f ist G_f.

Finden Sie heraus, welche der Aussagen wahr sind, und stellen Sie falsche Aussagen richtig.

a) $D_{f\,max} = \mathbb{R}\setminus\{-2; 1\}$

b) Der Punkt P (0 | –3) liegt auf G_f.

c) G_f besitzt genau eine senkrechte Asymptote.

d) G_f hat die x-Achse als waagrechte Asymptote.

e) Die Funktion f hat genau eine Nullstelle.

f) Das Dreieck ABC mit A (–1 | 0), B (2 | 0) und C (3 | f(3)) besitzt den Flächeninhalt $A = \frac{45}{32}$.

3. Gegeben ist die Funktion $f\colon f(x) = \frac{3x - 6}{(x + 3)^2(x - 2)}$; $D_f = D_{f\,max}$; ihr Graph ist G_f.

Erstellen Sie eine Skizze von G_f und geben Sie an, welche der acht Aussagen wahr sind.

a) $D_{f\,max} = \mathbb{R}\setminus\{-3; 2\}$

b) Die Funktion f hat genau eine Nullstelle.

c) G_f schneidet die y-Achse oberhalb des Ursprungs.

d) $W_f = \mathbb{R}_0^+$

e) Die Funktion f hat eine stetig hebbare Definitionslücke.

f) G_f besitzt genau zwei Asymptoten.

g) Die Funktion f hat einen Pol mit Vorzeichenwechsel.

h) Der Punkt P (–1 | 2,25) liegt auf G_f.

4. Vorgelegt ist die Funktion $f\colon f(x) = \frac{1}{x^2} - 4$; $D_f = \mathbb{R}\setminus\{0\}$. Ihr Graph ist G_f.

a) Ermitteln Sie die Nullstellen von f.

b) Untersuchen Sie das Symmetrieverhalten von G_f sowie das Verhalten von f für $x \to 0$ und für $x \to \pm\infty$.

c) Geben Sie Gleichungen der Asymptoten von G_f an und zeichnen Sie G_f.

d) Ermitteln Sie eine Gleichung der Sekante UV mit U (1 | f(1)) und V (–2 | f(–2)) und die Koordinaten ihrer Schnittpunkte mit den Koordinatenachsen.

e) Der Schnittpunkt S der Asymptoten von G_f bildet zusammen mit den Graphpunkten V (–2 | f(–2)) und P (2 | f(2)) ein gleichschenkliges Dreieck. Ermitteln Sie die Größen seiner Innenwinkel.

5. Gegeben ist die Funktion $f\colon f(x) = 4 - \frac{4}{x^2}$; $D_f = \mathbb{R}\setminus\{0\}$; ihr Graph ist G_f.

a) Ermitteln Sie die Nullstellen von f und die Gleichungen der Asymptoten von G_f.

b) Zeigen Sie, dass G_f symmetrisch zur y-Achse ist, und zeichnen Sie G_f für $|x| \leqq 4$.

c) Für welche Werte von x unterscheidet sich f(x) von 4 um weniger als 0,01?

d) Das Rechteck VIER mit V (v | f(v)), I (v | 4), E (0 | 4) und R (0 | f(v)); $v \in \mathbb{R}^+$, rotiert um die y-Achse. Berechnen Sie das Volumen des entstehenden Rotationskörpers. Was fällt Ihnen auf?

6. Gegeben sind die vier Funktionen f_1: $f_1(x) = \frac{x}{x+1}$; $D_{f_1} = D_{f_1\,max}$, f_2: $f_2(x) = \frac{x}{1-x}$; $D_{f_2} = D_{f_2\,max}$, f_3: $f_3(x) = \frac{x^2}{x+1}$; $D_{f_3} = D_{f_3\,max}$, und f_4: $f_4(x) = \frac{x^2}{x^2+1}$; $D_{f_4} = D_{f_4\,max}$ sowie vier Funktionsgraphen.
Ordnen Sie jeder Funktion den zugehörigen Funktionsgraphen zu und begründen Sie Ihre Entscheidung.

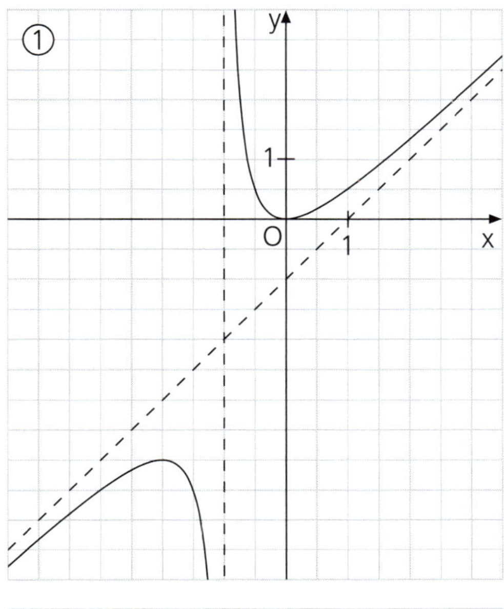

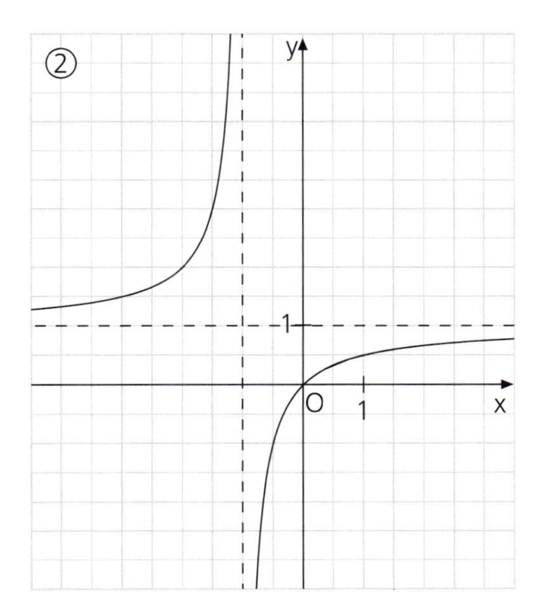

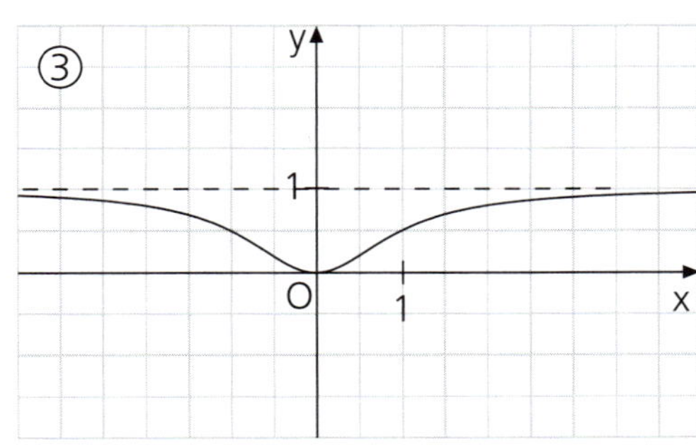

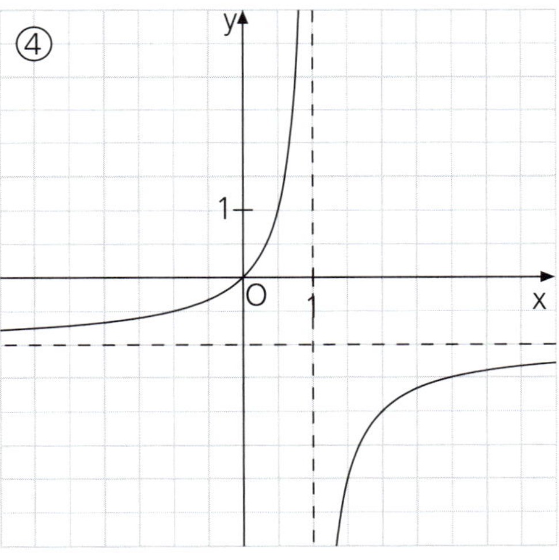

7. Die Graphen der Funktionen f_1: $f_1(x) = \frac{2x+5}{1-x^2}$ und f_2: $f_2(x) = \frac{-x+5}{1-x^2}$; $D_{f_1} = \mathbb{R}\setminus\{-1; 1\} = D_{f_2}$, haben genau einen Punkt S gemeinsam. Ermitteln Sie die Koordinaten von S und zeigen Sie, dass S auf allen Graphen der Schar von Funktionen f_a: $f_a(x) = \frac{ax+5}{1-x^2}$; $a \in \mathbb{R}$; $D_{f_a} = \mathbb{R}\setminus\{-1; 1\}$, liegt.

8. Gegeben ist die Schar von Funktionen f_k: $f_k(x) = \frac{3}{4}x + \frac{kx}{x^2-4}$; $k \in \mathbb{R}\setminus\{0\}$; $D_{f_k} = D_{f_k\,max}$; ihr Graph ist G_{f_k}.

a) Geben Sie $D_{f_k\,max}$ sowie Lage und Art der Pole von f_k an.

b) Ermitteln Sie je eine Gleichung der Asymptoten von G_{f_k} sowie die Koordinaten ihres Schnittpunkts / ihrer Schnittpunkte.

c) Zeigen Sie, dass G_{f_k} punktsymmetrisch zum Ursprung ist.

d) Bestimmen Sie die Anzahl der Nullstellen von f_k in Abhähngigkeit von k.

e) Zeichnen Sie G_{f_1} für $-4 \leqq x \leqq 4$.

9. Vorgelegt ist die Funktion f: $f(x) = x + 3 + \frac{3}{x-1}$; $D_f = D_{f\,max}$; die nebenstehende Abbildung zeigt ihren Graphen G_f.

a) Geben Sie $D_{f\,max}$ an und ermitteln Sie die Nullstellen von f.

b) Geben Sie je eine Gleichung der beiden Asymptoten von G_f sowie die Größe φ ihrer spitzen Schnittwinkel an.

c) G_f besteht aus zwei Teilen, die durch Drehung um 180° um den Punkt Z (1 I 4) ineinander übergeführt werden können. In welchen Punkt R ∈ G_f geht bei dieser Drehung der Ursprung O (0 I 0) über, in welchen Punkt U ∈ G_f geht der Punkt F (–2 I 0) über? Tragen Sie die Punkte F, O, U und R in die nebenstehende Abbildung ein und berechnen Sie die Längen der Diagonalen des Parallelogramms FOUR.

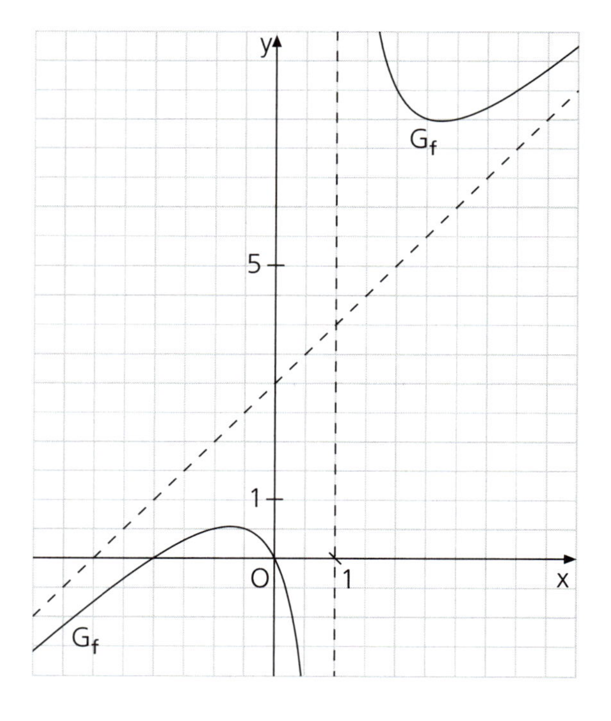

10. Die Abbildungen zeigen die Graphen von vier gebrochenrationalen Funktionen (alle markierten Punkte sind Gitterpunkte). Geben Sie jeweils die maximale Definitionsmenge, die Nullstellen und die Polstellen der Funktion sowie die Gleichung(en) der Asymptote(n) des Funktionsgraphen an.
Finden Sie heraus, welche dieser vier Funktionen eine stetig hebbare Definitionslücke besitzt / besitzen.

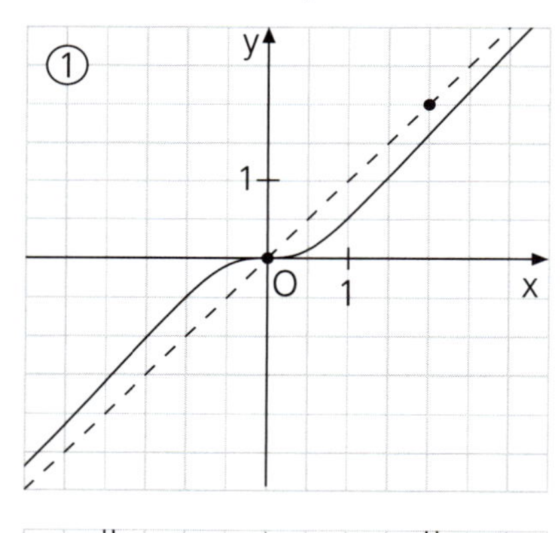

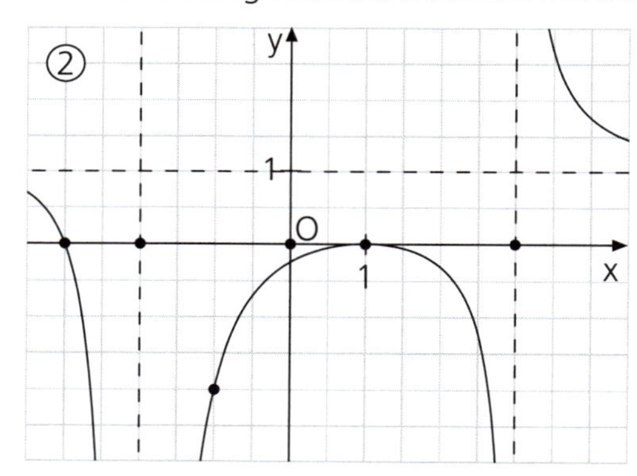

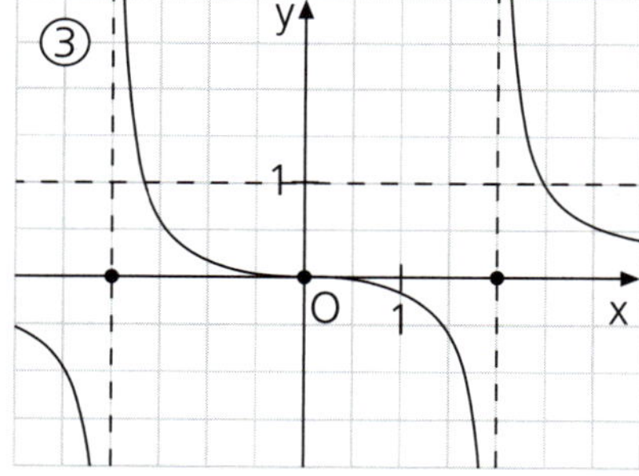

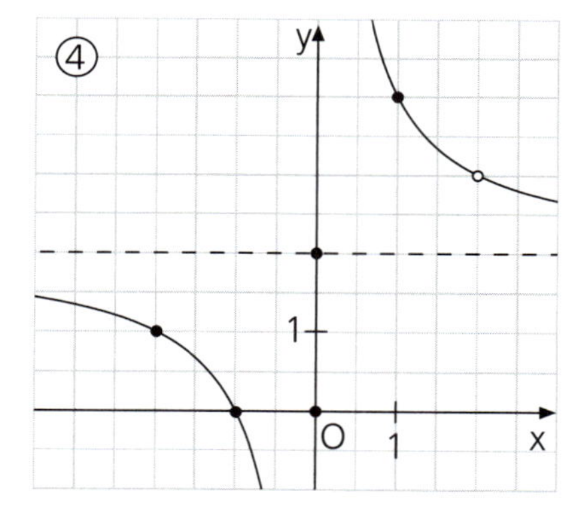

11. Bearbeiten Sie die folgenden Aufgaben.

a)	Ermitteln Sie die Anzahl der Nullstellen von f_a: $f_a(x) = \frac{x^2 + 4x + a}{x - 1}$; $a \in \mathbb{R}$; $D_{f_a} = D_{f_a\,max}$, in Abhängigkeit vom Wert des Parameters a.
b)	Geben Sie jeweils einen einfacheren Term an, der eine besonders gute Näherung für den Term $\frac{1}{x} + 2x + 3$ (1) für betragsgroße Werte von x (2) für betragskleine Werte von x darstellt.
c)	Gegeben ist der Graph G_f einer Funktion f mit $f(x) = \frac{x^2 + a}{x^2 + b}$ und $D_f = \mathbb{R}$. Ermitteln Sie die Werte der Parameter a und b. 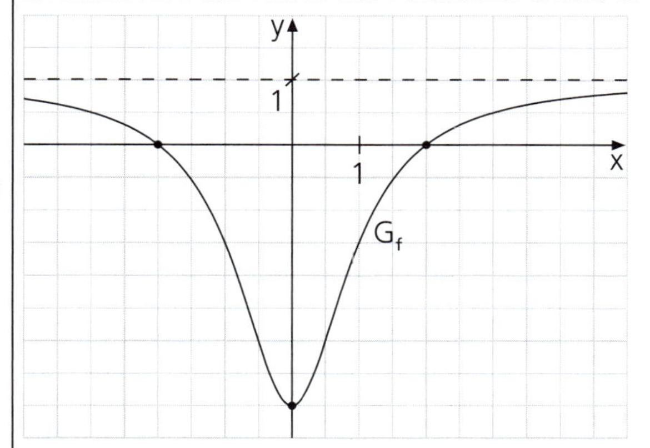 
d)	Für welche Werte von $x \in \mathbb{R}\setminus\{0\}$ gilt die Ungleichung $\left(\frac{2}{x} - 1\right)\left(\frac{6}{x} - 2\right) < 0$?
e)	Ermitteln Sie den Grenzwert $\lim\limits_{x \to 6} \frac{x^2 - 36}{x - 6}$ und deuten Sie Ihr Ergebnis.
f)	Gegeben ist die Schar von Funktionen f_k: $f_k(x) = \frac{x}{2} - \frac{2}{kx}$; $k \in \mathbb{R}^+$; $D_{f_k} = \mathbb{R}\setminus\{0\}$. Ermitteln Sie die Anzahl der Nullstellen von f_k in Abhängigkeit vom Wert des Parameters k.
g)	Gegeben ist die Schar von Funktionen f_k: $f_k(x) = \frac{x}{2} - \frac{2}{kx}$; $k \in \mathbb{R}\setminus\{0\}$; $D_{f_k} = \mathbb{R}\setminus\{0\}$; der Graph von f_k ist G_{f_k}. Geben Sie die Gleichungen aller Asymptoten von G_{f_k} an. Was fällt Ihnen auf?
h)	Geben Sie die Koordinaten des Scheitels S und eine Gleichung der Symmetrieachse a der Parabel P mit der Gleichung $y = -\frac{1}{4}x^2 + x + 2$ an und zeichnen Sie P.
i)	Strecken Sie vom Zentrum O aus den Graphen G_f der Funktion f: $f(x) = \frac{1}{x}$; $D_f = \mathbb{R}\setminus\{0\}$, sodass dann sein Bild G_{f^*} durch den Punkt P* (2 | 3) verläuft, und geben Sie f*(x) an. Finden Sie heraus, für welche Werte von x die Ungleichung $\|f^*(x) - f(x)\| < 2$ gilt.
j)	Ermitteln Sie die Koordinaten des Punkts S, in dem die Asymptoten des Graphen G_f der Funktion f: $f(x) = 2x + 12 + \frac{73}{x - 6}$; $D_f = \mathbb{R}\setminus\{6\}$, einander schneiden.
k)	Zeigen Sie, dass die Gerade g mit der Gleichung $y = x + 1$ den Graphen G_f der Funktion f: $f(x) = \frac{x}{2} - \frac{1}{2x}$; $D_f = D_{f\,max}$, berührt, und ermitteln Sie die Koordinaten des Berührpunkts B.
l)	Der Term $f(n) = \frac{2\,000n + 60\,000}{4n + 5}$; $n \in \mathbb{N}$, beschreibt die Herstellungskosten (in €) eines Notebooks in Abhängigkeit von der Stückzahl n. Finden Sie heraus, ab welcher Stückzahl die Herstellungskosten unter 600 € liegen.

12. Vorgelegt sind die drei Funktionen

f: $f(x) = \frac{20x}{x-20}$; $D_f =]20; \infty[$,

g: $g(x) = 20 + \frac{400}{x-20}$; $D_g =]20; \infty[$ und

h: $h(x) = 40 + \frac{400}{x-20}$; $D_h =]20; \infty[$.

a) Finden Sie heraus, die Graphen welcher dieser drei Funktionen die Abbildung zeigt.

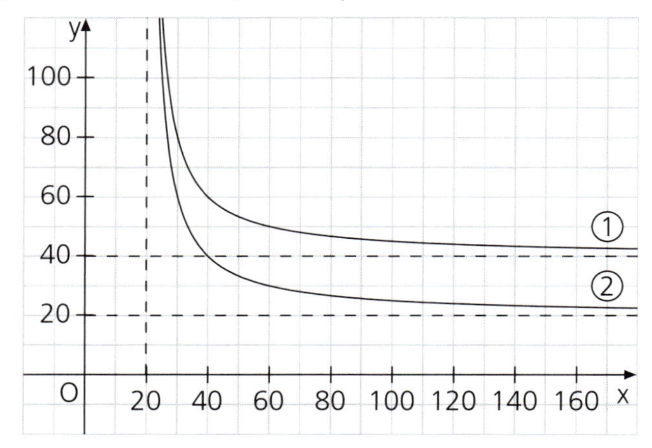

b) Die Funktion f beschreibt in der Strahlenoptik die Bildweite y (in mm) in Abhängigkeit von der Gegenstandsweite x (in mm) bei der Abbildung durch eine dünne Sammellinse mit der Brennweite 20 mm.
(1) Geben Sie die Gegenstandsweite x für den Fall an, dass kein Bild entsteht.
(2) Geben Sie die Bildweite y für den Fall an, dass der Gegenstand „ins Unendliche" rückt.
(3) Berechnen Sie die Gegenstandsweite x für den Fall, dass sie ein Viertel der Bildweite y beträgt.

13. Gegeben sind die Funktion f: $f(x) = x(x-1)(x-3)$; $D_f = \mathbb{R}^+$, und die Schar von Funktionen
g_a: $g_a(x) = \frac{ax^2 - 4x + 3}{x}$; $a \in \mathbb{R}$; $D_{g_a} = \mathbb{R}^+$.

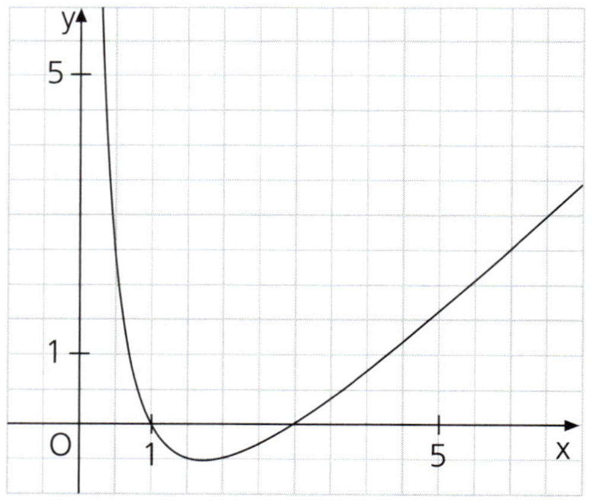

a) Ermitteln Sie die Koordinaten der Punkte, die G_f mit der x-Achse gemeinsam hat. Die Abbildung zeigt den Graphen G_{g_a} einer Funktion g_a, der mit der x-Achse die gleichen Punkte gemeinsam hat wie G_f. Ermitteln Sie den zugehörigen Wert des Parameters a.

b) Zeigen Sie, dass sich $g_a(x)$ in der Form $g_a(x) = ax - 4 + \frac{3}{x}$ darstellen lässt, und geben Sie die Gleichungen der Asymptoten des Graphen G_{g_1} an.

c) Ergänzen Sie die Tabelle.

x	$0 < x < 1$	$1 < x < 3$	$3 < x < \infty$
G_f liegt … von G_{g_1}	☐ oberhalb ☐ unterhalb	☐ oberhalb ☐ unterhalb	☐ oberhalb ☐ unterhalb

Differentialrechnung

1. Berechnen Sie jeweils den Wert des Differenzenquotienten von f (mit $D_f = D_{f\,max}$) für jedes der angegebenen Intervalle und tragen Sie ihn in die Tabelle ein.

		$I_1 = [-2; -1]$	$I_2 = [-1; -0{,}5]$	$I_3 = [0; 0{,}1]$	$I_4 = [1; 2]$	$I_5 = [5; 10]$
a)	$f(x) = 2x$					
b)	$f(x) = 2x^2$					
c)	$f(x) = \frac{4}{x}$					
d)	$f(x) = \sqrt{x^2 + 4}$					
e)	$f(x) = 2^x$					
f)	$f(x) = 2 + x$					
g)	$f(x) = -\frac{1}{2x^2 + 1}$					

2. Gegeben ist die Funktion f: $f(x) = \frac{4x}{1 + x^2}$; $D_f = \mathbb{R}$; ihr Graph ist G_f.

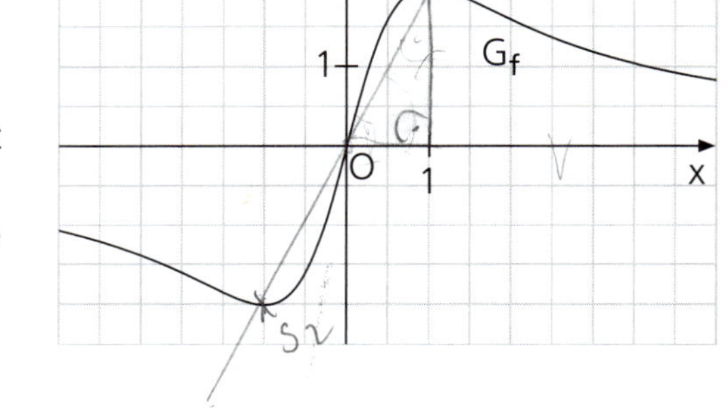

a) Geben Sie eine Gleichung der Sekante s = OS mit S (1 | f(1)) an. Finden Sie heraus, welchen weiteren Punkt S* die Sekante OS mit G_f gemeinsam hat.
Ermitteln Sie die Größe des Winkels φ, unter dem OS die x-Achse schneidet.

b) Finden Sie heraus, für welchen Wert / welche Werte von m die Gerade g mit der Gleichung y = mx mit G_f einen bzw. mehr als einen Punkt gemeinsam hat.

c) Geben Sie jeweils ein Intervall [a; b] an, in dem der Differenzenquotient der Funktion f
(1) positiv ist. (2) negativ ist.

3. Die Höhe einer Bohnenpflanze wurde über mehrere Tage (stets um 10 Uhr) bestimmt; die Tabelle gibt die Messwerte an.

Anzahl der Tage	0	1	2	3	4	5	6	7	8	9	10
Höhe (in mm)	0	2	4	7	12	19	26	34	45	60	80

Berechnen Sie die durchschnittliche tägliche Längenzunahme

a) für die ersten fünf Tage. **b)** für die letzten fünf Tage. **c)** für den gesamten Messzeitraum.

4. Vorgelegt ist jeweils eine Funktion f; ihr Graph ist G_f. Ermitteln Sie eine Gleichung der Sekante UV, die Länge der Strecke [UV] sowie die Größe φ der spitzen Winkel, die UV mit der y-Achse bildet.

a) f: $f(x) = x^3 + x^2$; $D_f = \mathbb{R}$; U (0 I f(0)), V (2 I f(2))

b) f: $f(x) = \sin x$; $D_f = \mathbb{R}$; U $(\frac{\pi}{2} \mid f(\frac{\pi}{2}))$, V $(-\pi \mid f(-\pi))$

c) f: $f(x) = \frac{2}{x}$; $D_f = \mathbb{R}\setminus\{0\}$; U (2 I f(2)), V (–0,5 I f(–0,5))

d) f: $f(x) = 2^x$; $D_f = \mathbb{R}$; U (–1 I f(–1)), V (0 I f(0))

5. Der Term $f(t) = 400 \cdot 1{,}04^t$ beschreibt das Anwachsen einer Bakterienkultur (t: Zeit in Minuten). Berechnen Sie ihre mittlere Wachstumsgeschwindigkeit (in Individuen pro Minute)

a) in der ersten Minute. **b)** in der zweiten Minute. **c)** in der fünften Minute.

d) in den ersten zwei Minuten. **e)** in den ersten fünf Minuten.

Finden Sie jeweils heraus, in welcher Minute die mittlere Wachstumsgeschwindigkeit 25 (bzw. 50) überschreitet.

6. Sepp (m = 80 kg) trinkt auf dem Oktoberfest um 14 Uhr eine Maß Bier und nimmt damit eine Alkoholmenge von etwa 40 g auf. Diese Alkoholmenge gelangt nicht sofort in die Blutbahn; sie wird nach und nach aufgenommen und nach und nach wieder abgegeben.
Die Abbildung zeigt den Blutalkoholgehalt (in g) im Zeitraum von 5 Stunden (= 300 min). Nach 55 Minuten hat der Blutalkoholgehalt seinen höchsten Wert von 30,5 g erreicht; von diesem Zeitpunkt an nimmt er ab.

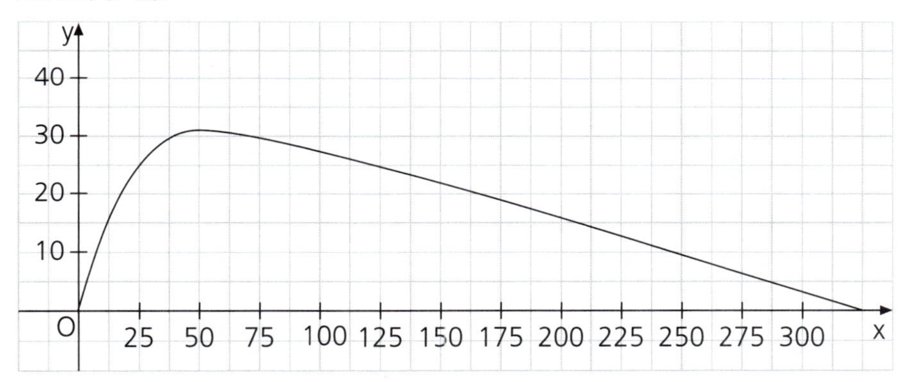

a) Bestimmen Sie die mittleren Änderungsraten in den Zeitintervallen
(1) [0; 25] (2) [0; 55] (3) [55; 100] (4) [0; 200] (5) [200; 300].

b) Finden Sie ein weiteres Zeitintervall, in dem die mittlere Änderungsrate ebenso groß ist wie im Intervall [0; 200] .

c) Die Blutalkoholkonzentration in Promille kann näherungsweise nach der Formel „Blutalkoholkonzentration (in Promille) = $\frac{\text{Blutalkoholgehalt (in g)}}{0{,}7 \cdot \text{Körpermasse (in kg)}}$ " berechnet werden.
Nach welcher Zeit ist Sepp wieder fahrtüchtig, wenn der „Grenzwert" in Deutschland bei 0,5 Promille liegt?

7. Von einer ganzrationalen Funktion f, deren Graph zur y-Achse symmetrisch ist, ist bekannt:
(1) f(0) = 4
(2) Der Differenzenquotient hat im Intervall [0; 1] den Wert –1.
(3) f(–2) = 0
(4) Der Differenzenquotient hat im Intervall [–2; 2] den Wert 0 und im Intervall [–2; –1] den Wert 3.
Skizzieren Sie einen passenden Graphen G_f.

1. Die Abbildungen zeigen die Graphen der Funktionen f, g und h.

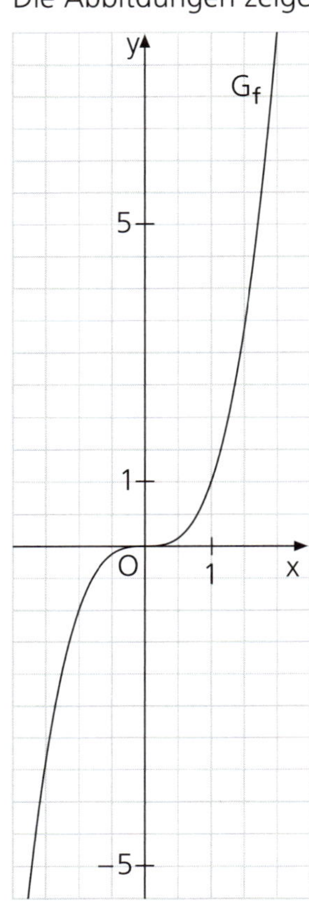

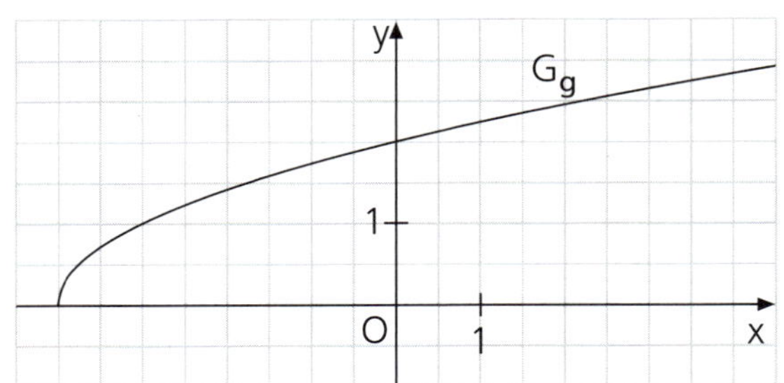

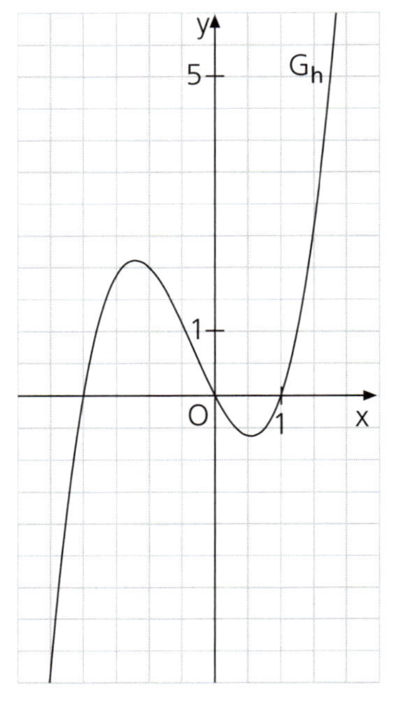

Finden Sie jeweils das Vorzeichen der Ableitung an der Stelle x_0 heraus; ergänzen Sie die Tabelle.

x_0	-2	-1	$-0{,}5$	0	0,5	1	2
$f'(x_0)$	> 0	> 0	> 0				
$g'(x_0)$							
$h'(x_0)$							

2. Bestimmen Sie jeweils mithilfe der Abbildung näherungsweise den Wert der Ableitung von f an der Stelle x_0.

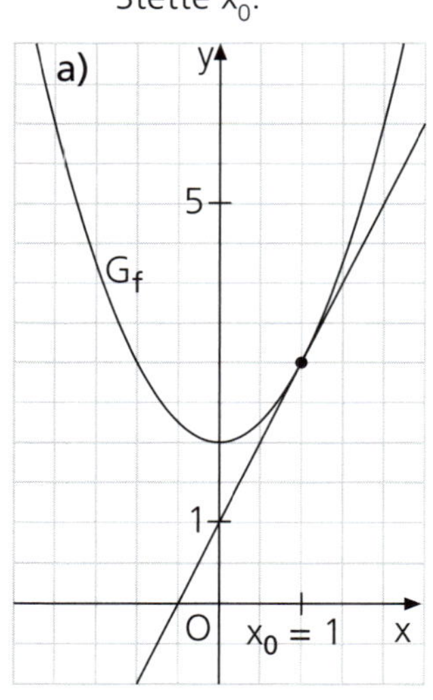

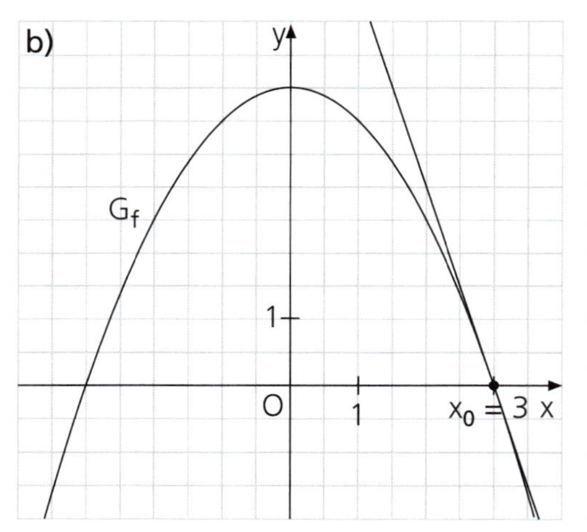

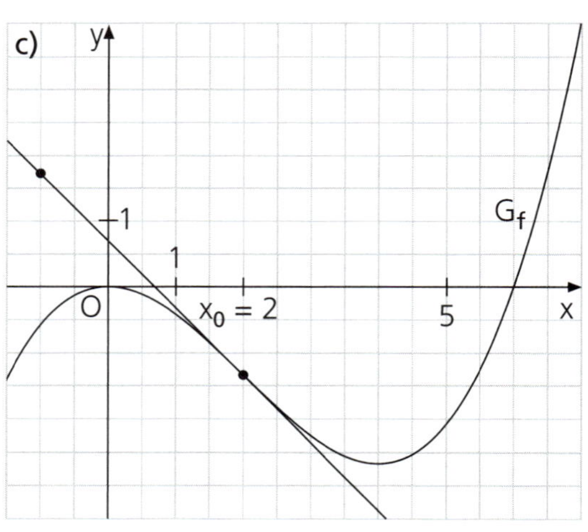

3. Die angegebenen Punkte liegen jeweils auf dem Graphen G_f einer Funktion f. Tragen Sie die Punkte sowie in diesen Punkten die Steigungen der Tangenten an G_f in ein Koordinatensystem ein und skizzieren Sie dann einen möglichen Verlauf von G_f.

a) A $(-4 \mid 0{,}4)$, $f'(-4) \approx 0{,}2$; G $(-2 \mid 1)$, $f'(-2) = 0{,}5$; N$(0 \mid 2)$, $f'(0) = 0$;
E $(0{,}5 \mid 1{,}9)$, $f'(0{,}5) \approx -0{,}4$; S $(2 \mid 1)$, $f'(2) = -0{,}5$; I $(4 \mid 0{,}4)$, $f'(4) \approx -0{,}2$ $(D_f = \mathbb{R})$

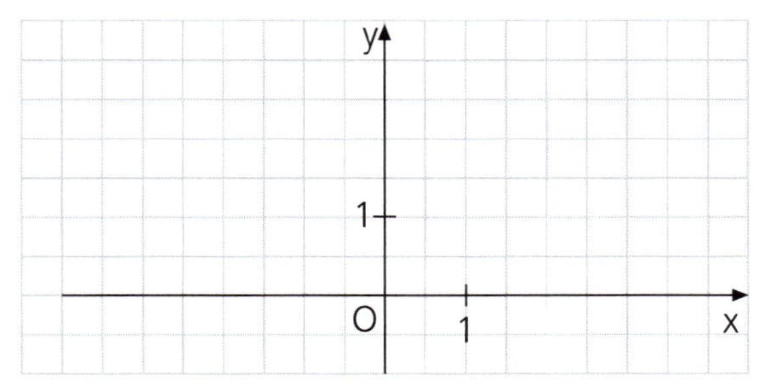

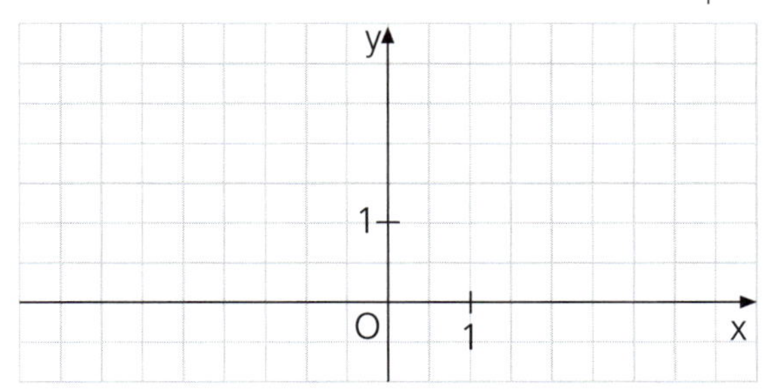

b) A $(-2 \mid -8)$, $f'(-2) = 12$; B $(-1 \mid -1)$, $f'(-1) = 3$;
E $(0 \mid 0)$, $f'(0) = 0$; L $(1{,}5 \mid 3{,}375)$, $f'(1{,}5) \approx 6{,}8$ $(D_f = \mathbb{R})$

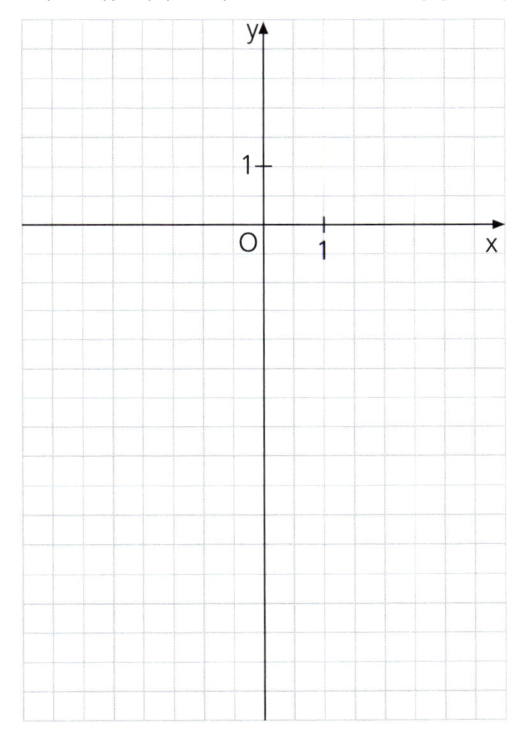

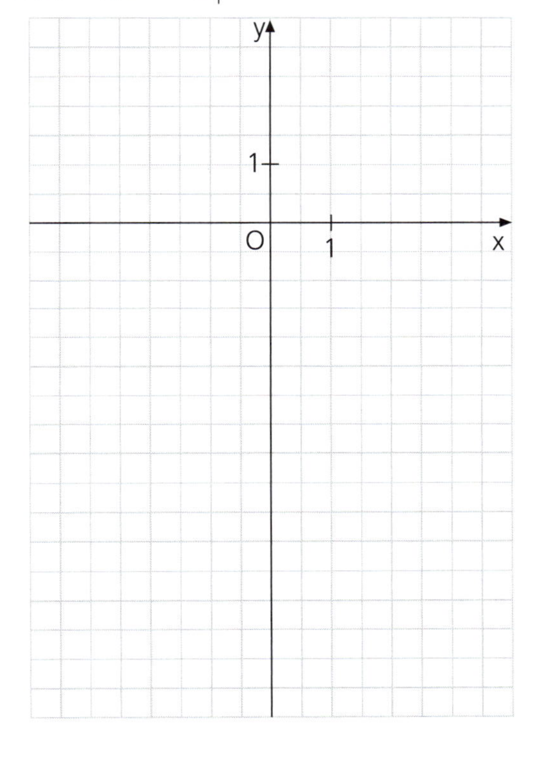

c) F (–4 | –0,5), $f'(-4) = -\frac{1}{8}$; E (–1 | –2), $f'(-1) = -2$; R (–0,5 | –4), $f'(-0{,}5) = -8$;
M (0,5 | 4), $f'(0{,}5) = -8$; A (2 | 1), $f'(2) = -0{,}5$; T (4 | 0,5), $f'(4) = -\frac{1}{8}$ $(D_f = \mathbb{R}\setminus\{0\})$

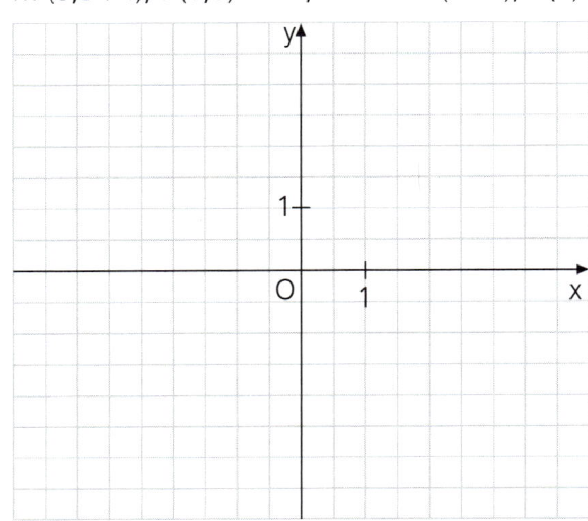

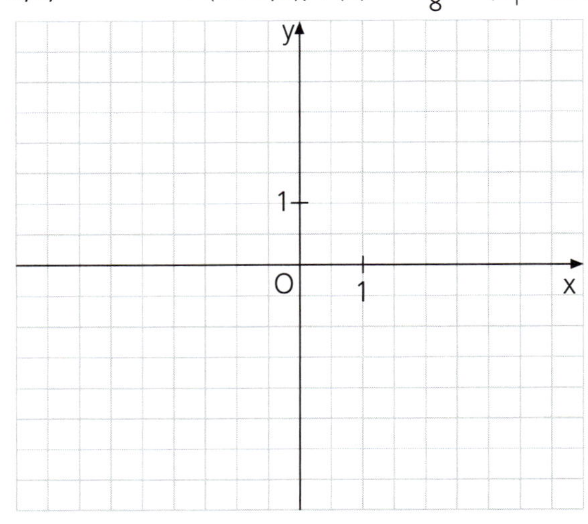

d) R (–1 | –3), $f'(-1) = 7$; U (0 | 0), $f'(0) = 0$; N (1 | –1), $f'(1) = -1$;
G (2 | 0), $f'(2) = 4$; E (2,5 | 3,125), $f'(2{,}5) \approx 8{,}8$; $(D_f = \mathbb{R})$

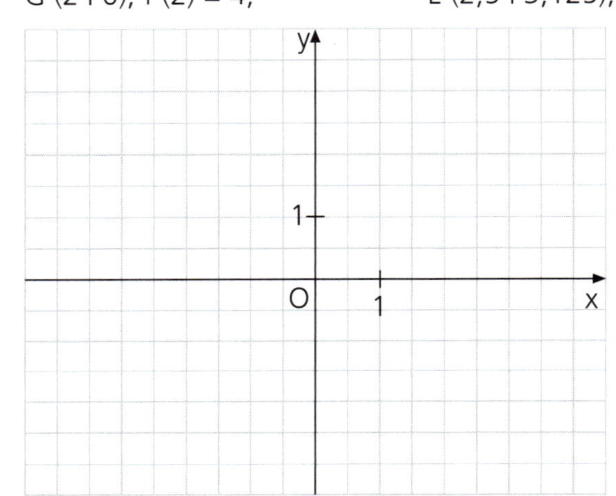

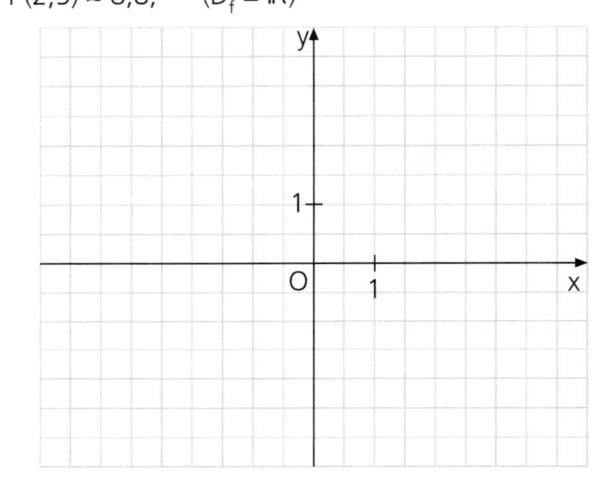

4. Zeigen Sie, dass der Graph G_f der ganzrationalen Funktion f dritten Grads mit $f(x) = -0{,}5(x^2 - 4)(x + 3)$ und $D_f = \mathbb{R}$
(1) mit der x-Achse drei Punkte gemeinsam hat,
(2) die y-Achse im Punkt T (0 | 6) unter einem Winkel der Größe $\varphi \approx 27°$ schneidet sowie
(3) durch alle vier Quadranten verläuft,
und ergänzen Sie die Tabelle.

x	$-\infty < x < -3$	$x = -3$	$-3 < x < -2$	$x = -2$	$-2 < x < 2$	$x = 2$	$2 < x < \infty$
f(x)	> 0	= 0					
G_f	verläuft durch den II.Quadranten	schneidet die x-Achse					

5. a) Gegeben ist die Funktion f: $f(x) = -x^2 + 1$; $D_f = \mathbb{R}$; ihr Graph ist G_f. Ermitteln Sie jeweils eine Gleichung der Tangente t_P an G_f im Graphpunkt
$P_1\,(0 \mid f(0))$ $P_2\,(1 \mid f(1))$ $P_3\,(-2 \mid f(-2))$ $P_4\,(-0{,}5 \mid f(-0{,}5))$.

b) Gegeben ist die Funktion f: $f(x) = -\frac{2}{x}$; $D_f = \mathbb{R}\backslash\{0\}$; ihr Graph ist G_f. Ermitteln Sie jeweils eine Gleichung der Tangente t_P an G_f im Graphpunkt
$P_1\,(1 \mid f(1))$ $P_2\,(-1 \mid f(-1))$ $P_3\,(2 \mid f(2))$ $P_4\,(-0{,}5 \mid f(-0{,}5))$.

c) Gegeben ist die Funktion f: $f(x) = -x^3 + 1$; $D_f = \mathbb{R}$; ihr Graph ist G_f. Ermitteln Sie jeweils eine Gleichung der Tangente t_P an G_f im Graphpunkt
$P_1\,(0 \mid f(0))$ $P_2\,(1 \mid f(1))$ $P_3\,(-2 \mid f(-2))$ $P_4\,(-0{,}5 \mid f(-0{,}5))$.

d) Gegeben ist die Funktion f: $f(x) = 2x^4 + 1$; $D_f =]-1; \infty[$; ihr Graph ist G_f. Ermitteln Sie jeweils eine Gleichung der Tangente t_P im Graphpunkt
$P_1\,(0 \mid f(0))$ $P_2\,(1 \mid f(1))$ $P_3\,(2 \mid f(2))$ $P_4\,(0{,}5 \mid f(0{,}5))$.

1. Schritt: y-Koordinate von P bestimmen: $y_P = f(x_P)$
2. Schritt: den Differenzenquotienten aufstellen
3. Schritt: den Differenzenquotienten vereinfachen
4. Schritt: den Grenzwert ermitteln; $f'(x_P) = m_{Tangente}$
5. Schritt: Gleichung von t_P aufstellen
(*Hinweis*: $P \in t_P$)

6. Vorgelegt ist die Funktion f_k: $f_k(x) = (1-k)x^2 + kx$; $k \in \mathbb{R}\backslash\{0; 1\}$; $D_{f_k} = \mathbb{R}$. Ihr Graph ist die Parabel P_k.

a) Geben Sie an, für welche Werte von k die Parabel P_k nach oben (bzw. nach unten) geöffnet ist und für welche Werte von k die Parabel P_k enger als die (bzw. weiter als die bzw. kongruent zur) Normalparabel P: $y = x^2$ ist. Stellen Sie Ihre Ergebnisse in einer Tabelle dar.

b) Ermitteln Sie für k = 3 die Koordinaten der Schnittpunkte N_1 und N_2 der Parabel P_3 mit der x-Achse und geben Sie Gleichungen der Tangenten t_1 und t_2 an die Parabel P_3 in den Punkten N_1 und N_2 an. Die Tangenten t_1 und t_2 schneiden einander im Punkt R. Ermitteln Sie den Flächeninhalt des Dreiecks mit den Eckpunkten N_1, N_2 und R.

c) Bestimmen Sie die Koordinaten des Scheitels S der Parabel P_3 und zeichnen Sie P_3.
Zeigen Sie, dass die Gerade g mit der Gleichung $y = x + 0{,}5$ die Parabel P_3 im Punkt B $(0{,}5 \mid 1)$ berührt. Geben Sie durch Überlegen eine Gleichung der Tangente g* im Punkt B*$(1 \mid f(1))$ an.

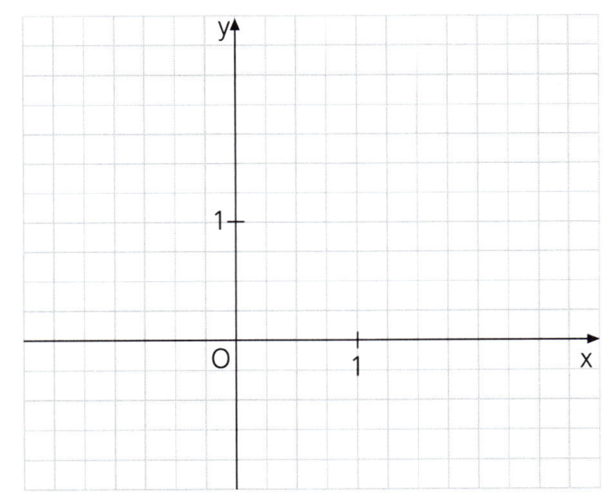

7. Gegeben ist die Funktion f: $x \mapsto x^2 + 2x$; $D_f = \mathbb{R}$; ihr Graph ist G_f.

a) Ermitteln Sie eine Gleichung der Sekante s durch die Punkte A $(1 \mid f(1))$ und B $(-2 \mid f(-2))$ und berechnen Sie die Länge der Sehne [AB].

b) Geben Sie je eine Gleichung der Tangente t_A bzw. t_B an G_f im Punkt A bzw. im Punkt B an und berechnen Sie die Koordinaten des Schnittpunkts S von t_A und t_B.

8. Vorgelegt ist die Funktion f: $f(x) = x^3 - x^2 - 2x + 2$: $D_f = \mathbb{R}$; ihr Graph ist G_f.

a) Geben Sie den Funktionsterm in faktorisierter Form an: $f(x) = (x - x_1)(x - x_2)(x - x_3)$.

b) Ordnen Sie der Funktion f den passenden Graphen zu.

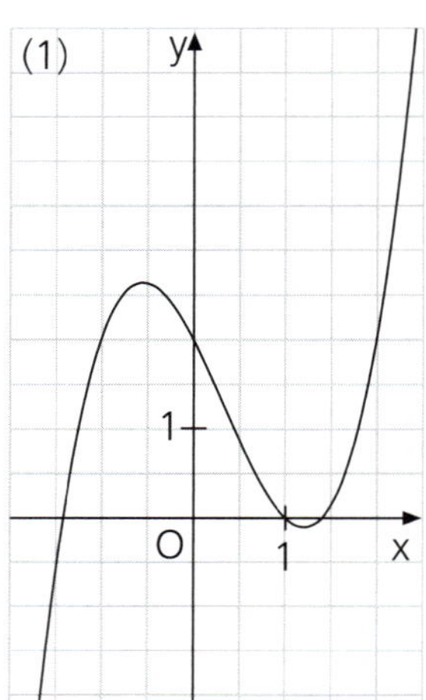

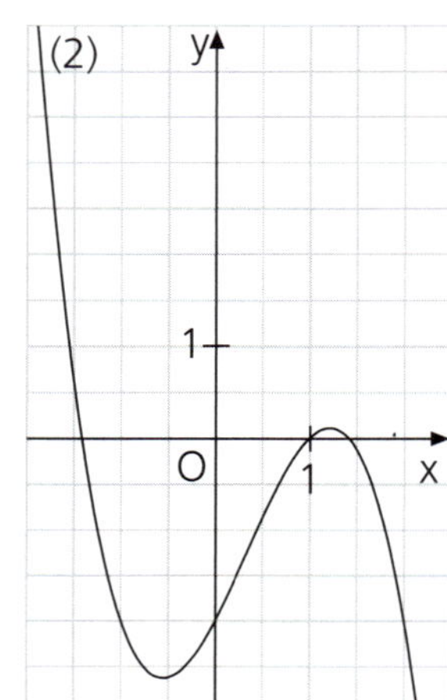

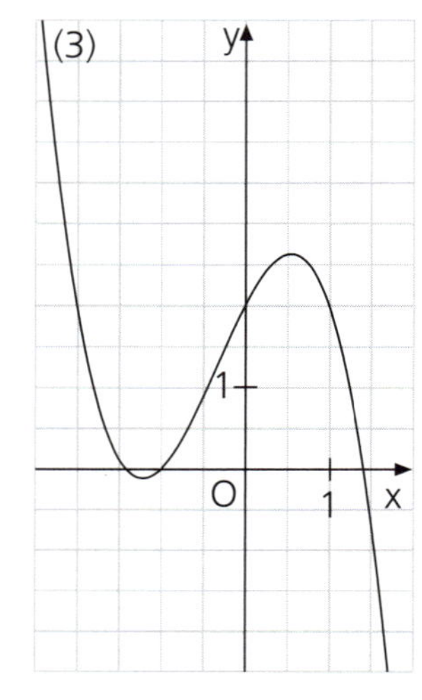

c) Zeigen Sie, dass die Gerade g: $y = -2x + 2$ Tangente an G_f im Punkt T (0 I 2) ist. Finden Sie zwei verschiedene Lösungswege.

d) Die Gerade g von Teilaufgabe c) hat mit G_f noch einen weiteren Punkt S gemeinsam. Ermitteln Sie dessen Koordinaten und berechnen Sie die Länge der Strecke [TS].

9. Gegeben ist die Schar von Funktionen f_a: $f_a(x) = x + \frac{a}{x}$; $a \in \mathbb{R}^+$; $D_{f_a} = \mathbb{R}\setminus\{0\}$. Der Graph von f_a ist G_{f_a}.

a) Finden Sie heraus, für welche Werte von a die Gerade g_a: $y = ax$ mit G_{f_a} keinen Punkt gemeinsam hat.

b) Ermitteln Sie eine Gleichung der Tangente t_B an G_{f_4} im Punkt B (1 I$f_4(1)$).

c) Zeichnen Sie G_{f_4} und t_B [vgl. Teilaufgabe b)]. Die Tangente t_B schneidet die x-Achse im Punkt N und die y-Achse im Punkt T. Finden Sie mithilfe des zweiten (oder des ersten) Strahlensatzes heraus, in welchem Verhältnis der Punkt B die Strecke [NT] teilt.

10. Die Abbildungen zeigen jeweils den Graphen einer Funktion f ($D_f = D_{f\,max}$); untersuchen Sie, ob diese Funktion f an der Stelle x_0 differenzierbar ist.

a) f: $f(x) = -|x|$; $x_0 = 0$

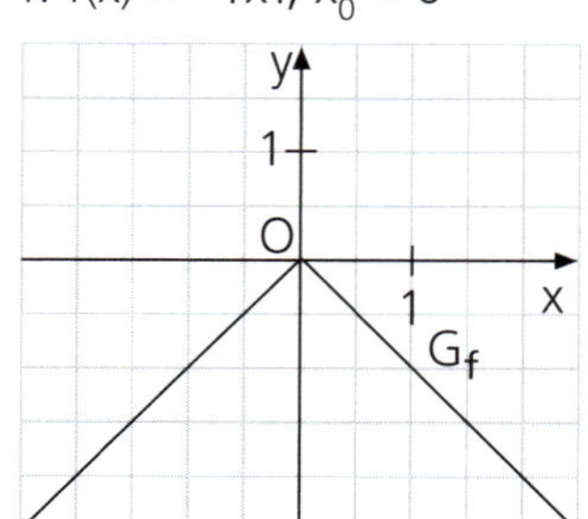

b) f: $f(x) = 0{,}5x \cdot |x|$; $x_0 = 0$

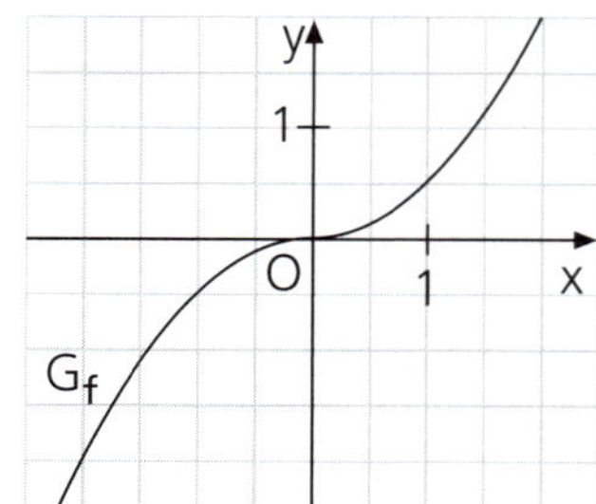

c) f: $f(x) = |2 - x|$; $x_0 = 2$

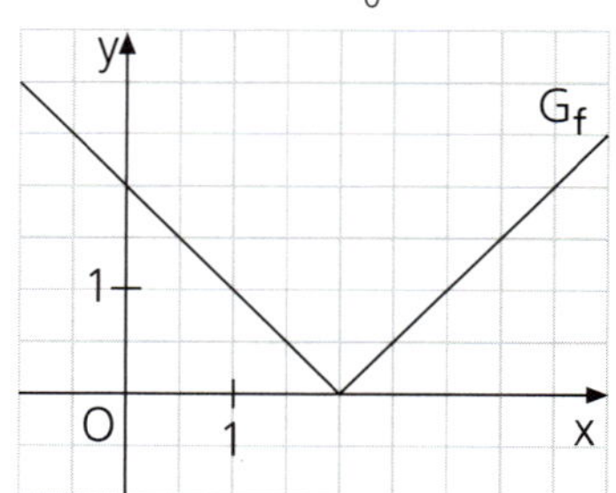

1. Ermitteln Sie jeweils zunächst (mithilfe der „h-Methode") die Ableitungsfunktion f' und geben Sie dann $f'(x_0)$ an.

a) f: $f(x) = 2x^2 - 4$; $D_f = \mathbb{R}$; $x_0 = 1$

b) f: $f(x) = -x^3 + x^2$; $D_f = \mathbb{R}$; $x_0 = -1$

c) f: $f(x) = \frac{2}{x-1}$; $D_f = \mathbb{R}\setminus\{1\}$; $x_0 = 0$

d) f: $f(x) = \sqrt{x^2 + 1}$; $D_f = \mathbb{R}$; $x_0 = \sqrt{3}$

e) f: $f(x) = 5 + \frac{5}{x^2}$; $D_f = \mathbb{R}\setminus\{0\}$; $x_0 = 5$

f) f: $f(x) = \frac{1}{\sqrt{x}}$; $D_f = \mathbb{R}^+$; $x_0 = 4$

2. Tragen Sie jeweils die Graphen der Funktionen f, f' und f'' in ein gemeinsames Koordinatensystem ein.

a) f: $f(x) = \frac{x^3}{3} - \frac{x^2}{2}$; $D_f = \mathbb{R}$

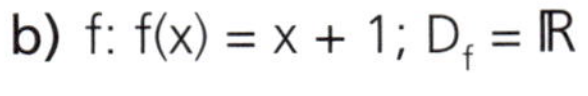

b) f: $f(x) = x + 1$; $D_f = \mathbb{R}$

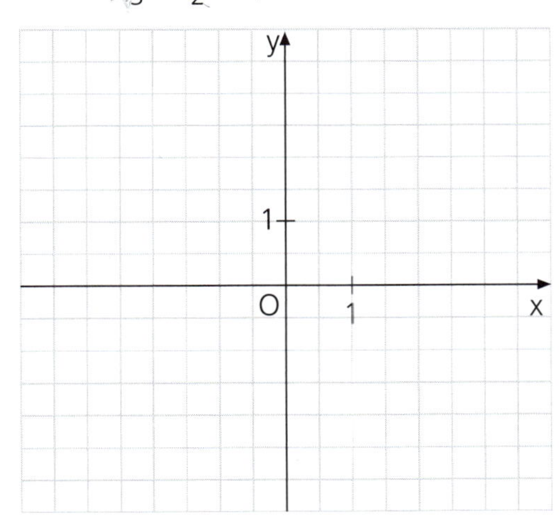

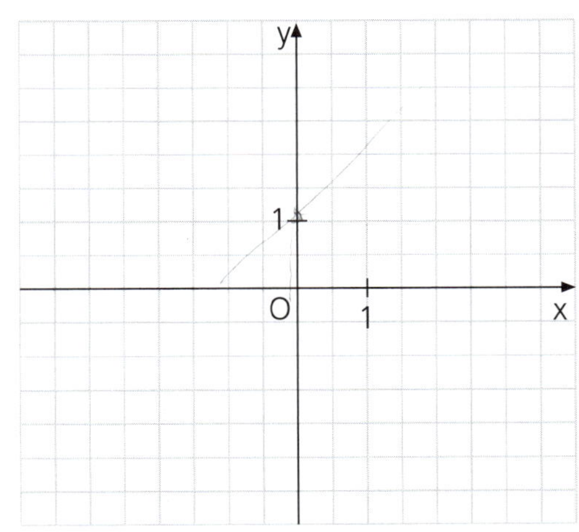

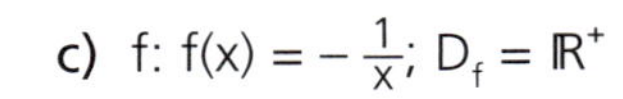

c) f: $f(x) = -\frac{1}{x}$; $D_f = \mathbb{R}^+$

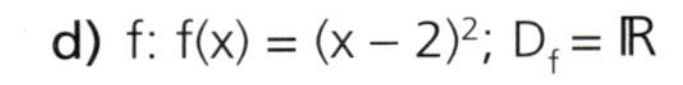

d) f: $f(x) = (x - 2)^2$; $D_f = \mathbb{R}$

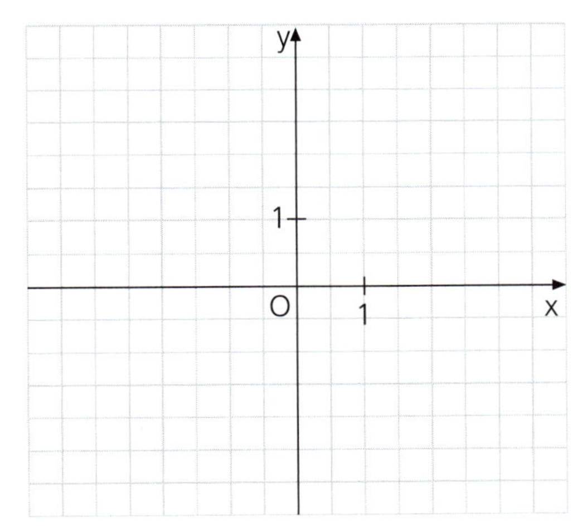

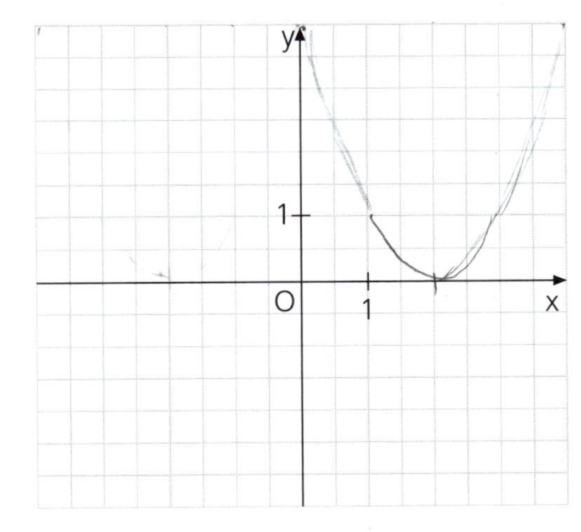

3. Ermitteln Sie jeweils zunächst (durch Überlegen) eine Stammfunktion F der Funktion f; geben Sie dann die Menge aller Stammfunktionen sowie diejenige Stammfunktion F*, deren Graph durch den Punkt P (1 | 2) verläuft, an.

a) f: $f(x) = 2x$; $D_f = \mathbb{R}$

b) f: $f(x) = 2x^2 + 3$; $D_f = \mathbb{R}$

c) f: $f(x) = 4x^3$; $D_f = \mathbb{R}$

d) f: $f(x) = x^2 + x + 2$; $D_f = \mathbb{R}$

e) f: $f(x) = 3(x - 1)^2$; $D_f = \mathbb{R}$

f) f: $f(x) = \frac{2}{x^2}$; $D_f = \mathbb{R}\setminus\{0\}$

4. Zeichnen Sie den Graphen G_f der Funktion f: $f(x) = \sqrt{x}$; $D_f = \mathbb{R}_0^+$, sowie mehrere Geraden, die durch den Ursprung des Koordinatensystems und durch jeweils einen weiteren Punkt P $(x \mid \sqrt{x})$ des Graphen G_f verlaufen. Machen Sie sich klar, dass die Steigung dieser Geraden gleich $\frac{f(x) - f(0)}{x - 0}$ ist, und untersuchen Sie das Verhalten dieses Differenzenquotienten für $x \to 0$.

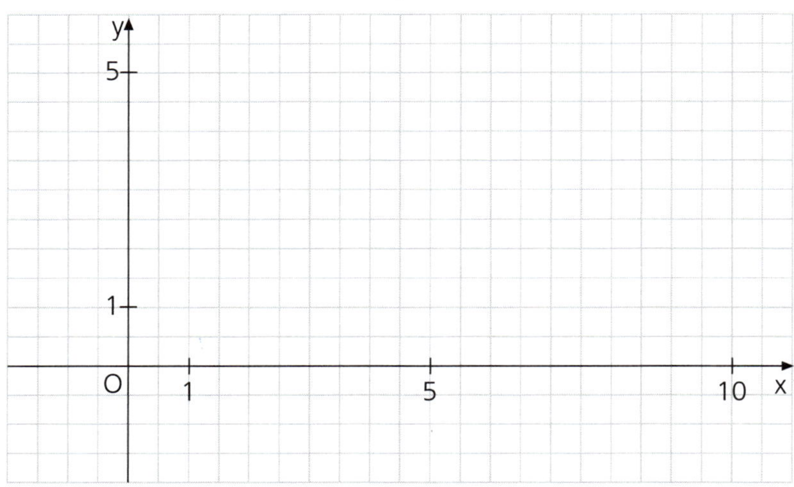

5. Die beiden Abbildungen zeigen jeweils den Graphen G_f einer Funktion f mit $D_f = \mathbb{R}$. Zeichnen Sie den Graphen der Ableitungsfunktion f' in dasselbe Koordinatensystem ein.

a)

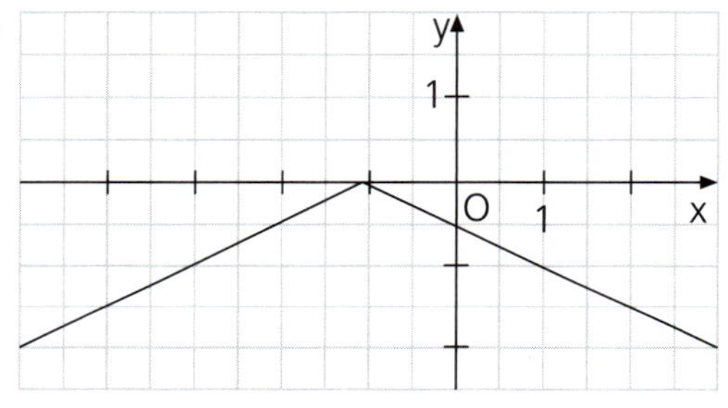

b)

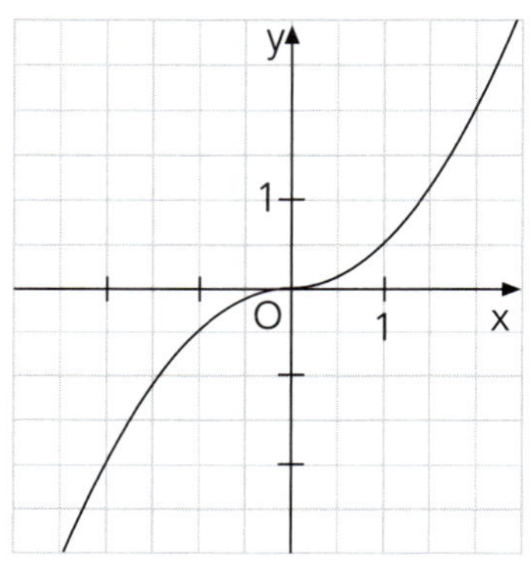

c)

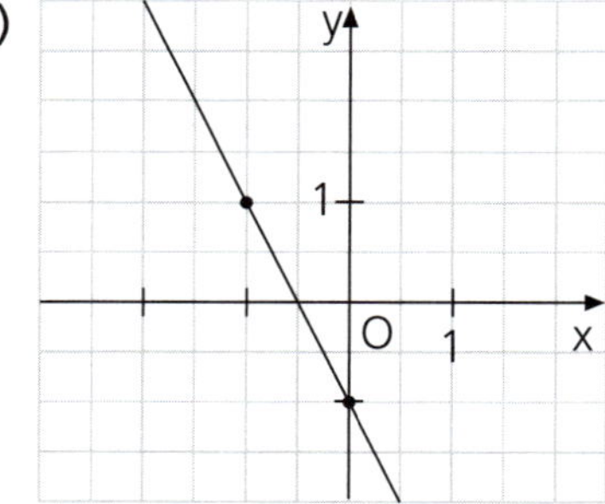

d)

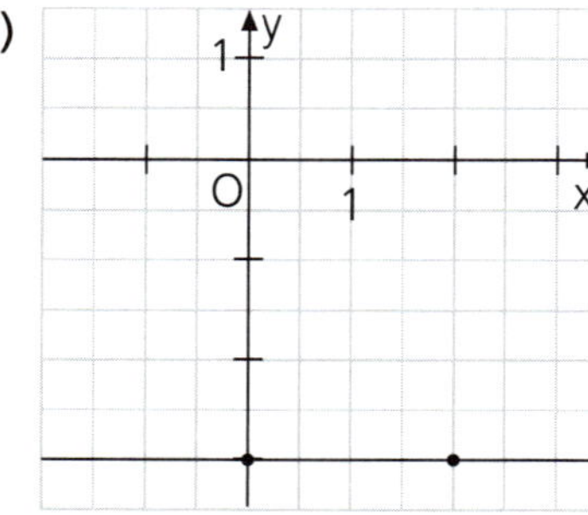

6. Gegeben sind die Funktionen f: $f(x) = \frac{x^2}{9}$ und g: $g(x) = -\frac{x^2}{9} + 2$; $D_f = \mathbb{R} = D_g$.

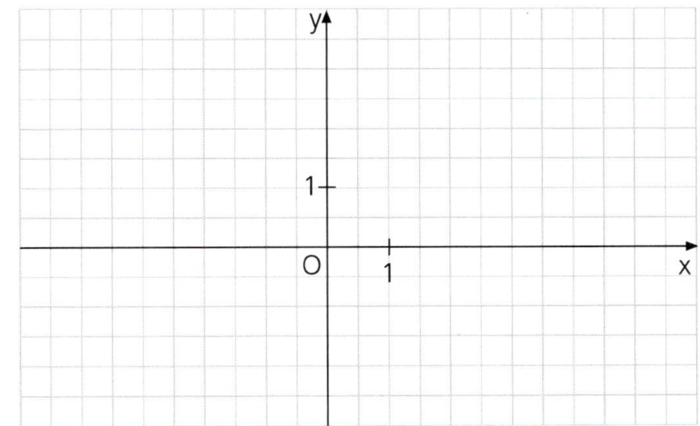

a) Die Graphen G_f und G_g schneiden einander in zwei Punkten P ($x_P > 0$) und Q; berechnen Sie deren Koordinaten. Ermitteln Sie eine Gleichung der Tangente t_1 an G_f im Punkt P sowie eine Gleichung der Tangente t_2 an G_f im Punkt Q und berechnen Sie die Größe φ der spitzen Schnittwinkel dieser beiden Tangenten.

b) Der Graph G_g der Funktion g schneidet die Koordinatenachsen in drei Punkten. Berechnen Sie den Flächeninhalt des Dreiecks, das durch diese Punkte gebildet wird.

7. Die Abbildung Ⓐ zeigt den Graphen einer Funktion f. Genau eine der Abbildungen Ⓑ bis Ⓓ stellt den Graphen der Ableitungsfunktion f' von f dar. Finden Sie durch Ausschluss heraus, welche der drei Abbildungen dies ist, indem sie bei jedem der beiden übrigen Graphen angeben, warum es sich bei ihm nicht um $G_{f'}$ handeln kann.

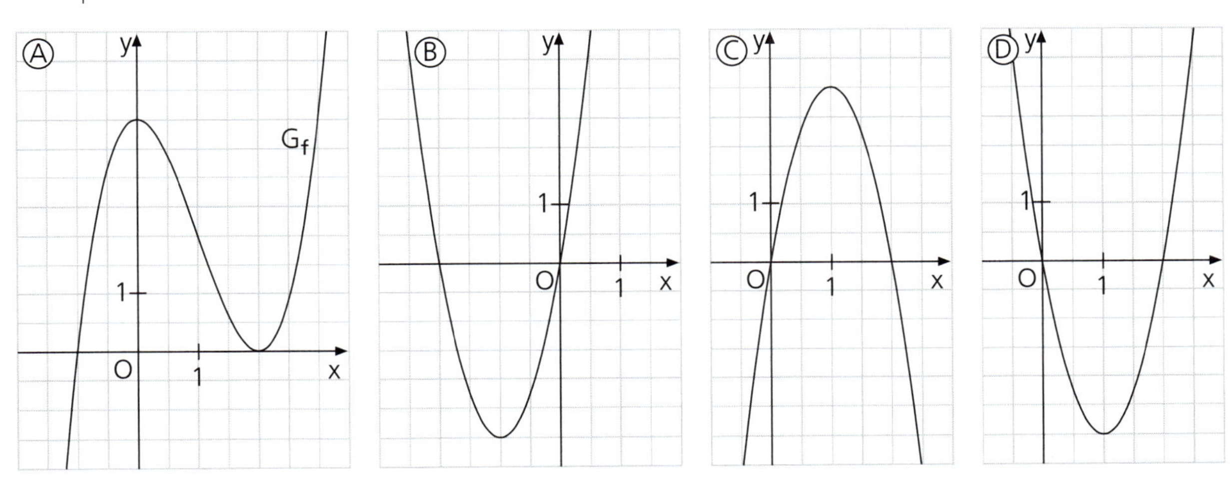

8. Die Abbildungen zeigen drei Funktionsgraphen. Skizzieren Sie jeweils den Graphen der zugehörigen Ableitungsfunktion in dasselbe Koordinatensystem ein.

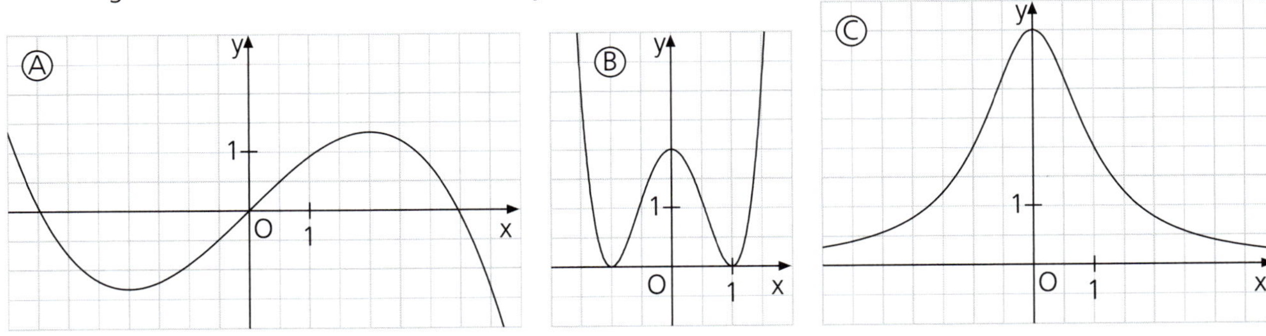

9. Die Abbildung zeigt den Graphen G_f einer Funktion f sowie den Graphen G_F einer ihrer Stammfunktionen. Finden Sie heraus, welcher der beiden Graphen G_f und welcher G_F ist, und geben Sie eine Begründung an.

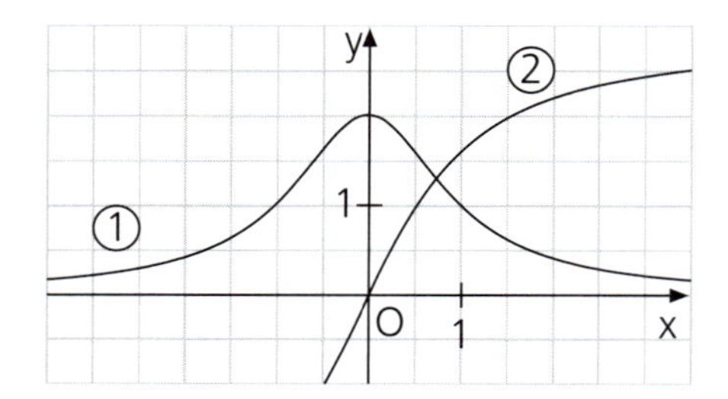

10. Die Abbildungen zeigen jeweils den Graphen G_f einer Funktion f, den Graphen $G_{f'}$ ihrer Ableitungsfunktion f' und den Graphen G_F einer ihrer Stammfunktionen F. Finden Sie jeweils heraus, welcher der drei Graphen G_f bzw. $G_{f'}$ bzw. G_F ist und ergänzen Sie die unten stehende Tabelle.

a)

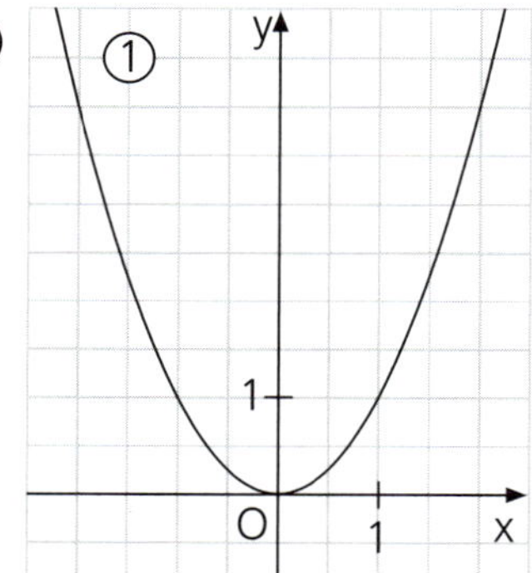

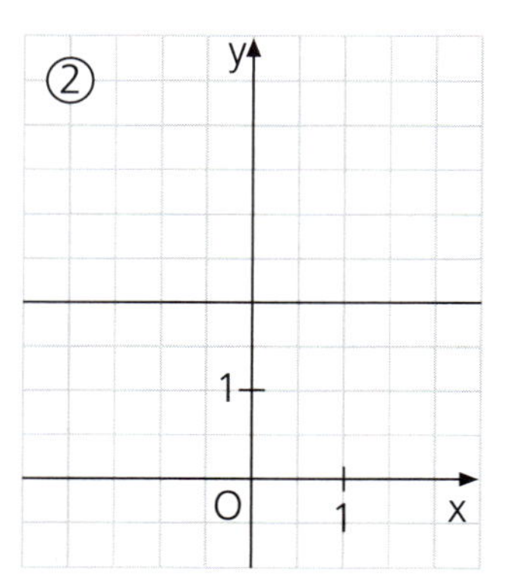

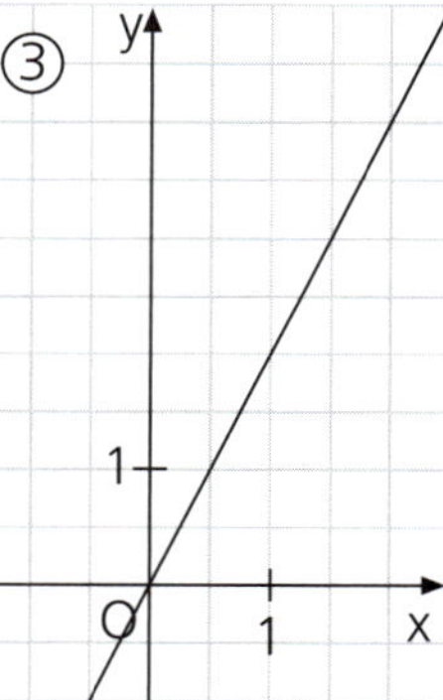

b)

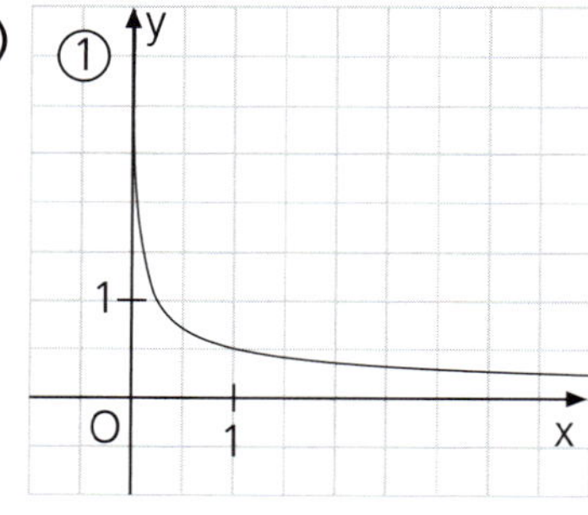

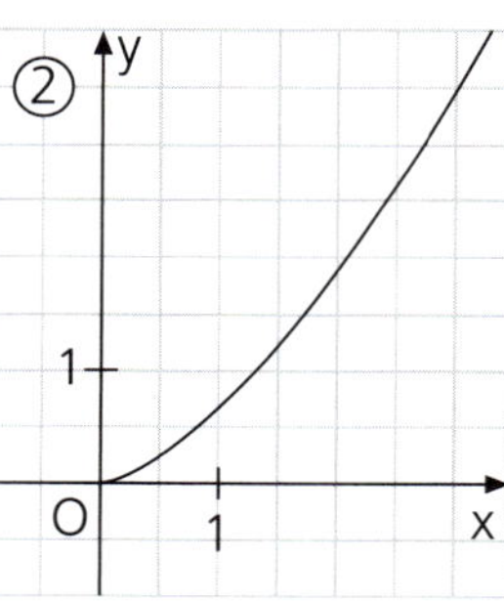

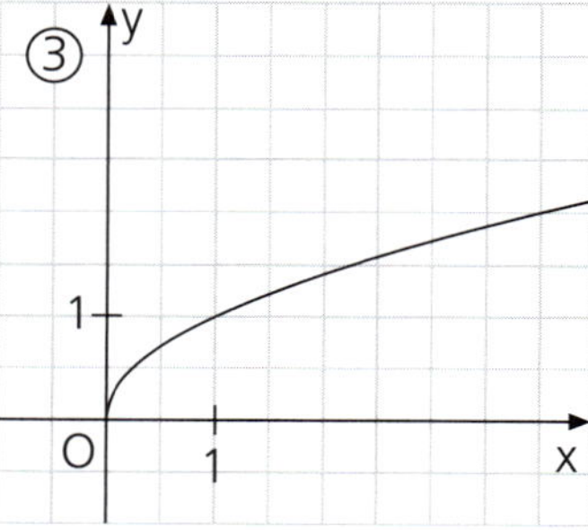

c)

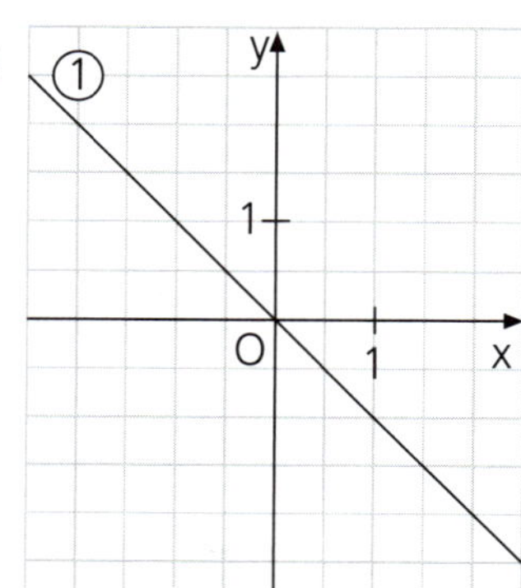

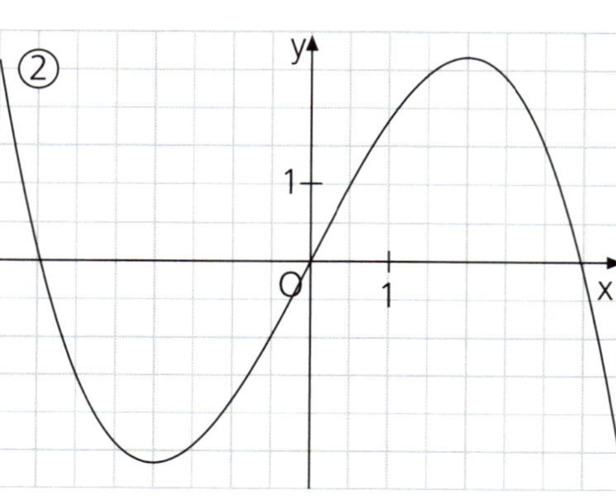

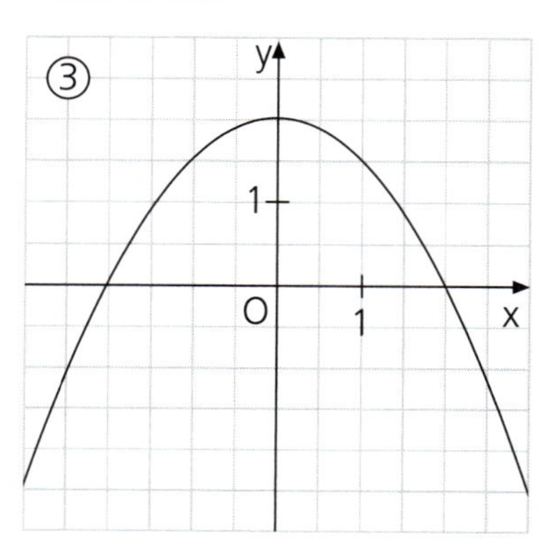

	$G_{f'}$	G_f	G_F
a)	②		
b)			
c)			

1. Tragen Sie jeweils f'(x) und f''(x) in die Tabelle ein.

	Funktionsterm f(x)	f'(x)	f''(x)
a)	$f(x) = x^4 + x$		
b)	$f(x) = 3x^2 - 6x$		
c)	$f(x) = x^5 + x^4$		
d)	$f(x) = \frac{x}{6} + \frac{x^2}{3}$		
e)	$f(x) = 5 - 5x - 5x^2$		
f)	$f(x) = \frac{x^2 + 6x}{2}$		
g)	$f(x) = \frac{4}{5} x^5$		
h)	$f(x) = x(1 - 4x)$		
i)	$f(x) = (3 - 2x)^2$		
j)	$f(x) = (1 - x)^3$		
k)	$f(x) = (2x + 1)(2x - 1)$		
l)	$f(x) = 5x(3x - 1)$		
m)	$f(x) = (2 + 4x)(1 - 2x)$		
n)	$f(x) = x^2(1 - x)^2$		

2. Bilden Sie die Ableitung jedes der sechs Funktionsterme auf zwei verschiedene Arten.

a) $f(x) = (3 - x)^2$ **b)** $f(x) = x(2x - 9)$ **c)** $f(x) = (0{,}5x^2 - 1)(2x + 4)$

d) $f(x) = (4 - x)^2(4 + x)^2$ **e)** $f(x) = \left(\frac{x}{4} + 4\right)^2$ **f)** $f(x) = (1 - x)(1 + x + x^2)$

3. Zeigen Sie jeweils, dass F eine Stammfunktion der Funktion f ist ($D_F = \mathbb{R} = D_f$).

a) F: $F(x) = x(1 - x)$ f: $f(x) = 1 - 2x$

b) F: $F(x) = (3 - 2x)(3 + 2x)$ f: $f(x) = -8x$

c) F: $F(x) = x^4 + 4x^3 + 6x^2 + 4x + 1$ f: $f(x) = 4(x + 1)^3$

d) F: $F(x) = (x - 2)(x + 3)$ f: $f(x) = 2x + 1$

e) F: $F(x) = x + x(2x + 1)$ f: $f(x) = 2 + 4x$

4. Geben Sie jeweils *eine* Funktion f an, die die Ableitungsfunktion f' besitzt ($D_{f'} = \mathbb{R} = D_f$).

a) f': $f'(x) = 1 + 2x$ **b)** f': $f'(x) = 4x - 3x^2$ **c)** f': $f'(x) = -1$

d) f': $f'(x) = x^3$ **e)** f': $f'(x) = 0$ **f)** f': $f'(x) = -5x^4 + 8x^3$

5. Finden Sie zu jeder der gegebenen Funktionen f ($D_f = \mathbb{R}$) jeweils

a) die Ableitungsfunktion f' ($D_{f'} = \mathbb{R}$) **b)** eine Stammfunktion ($D_F = \mathbb{R}$)

und tragen Sie dann die zugehörigen Buchstabentripel in die Lösungstabelle ein.

	Funktionsterm f(x)
A	$f(x) = 3x^2$
U	$f(x) = 3$
P	$f(x) = x^4$
R	$f(x) = (3 + 2x)^2$
B	$f(x) = (1 + x)(1 - x)$
Y	$f(x) = x(x^2 + 1)$
E	$f(x) = x$
G	$f(x) = 2(x + 4)$
B	$f(x) = 2 - x$
I	$f(x) = 6x^5$

	Ableitungsterm f'(x)
U	$f'(x) = 12 + 8x$
O	$f'(x) = -2x$
L	$f'(x) = 6x$
D	$f'(x) = 0$
A	$f'(x) = 3x^2 + 1$
I	$f'(x) = 4x^3$
V	$f'(x) = 1$
R	$f'(x) = 30x^4$
E	$f'(x) = -1$
N	$f'(x) = 2$

	Stammfunktionsterm F(x)
A	$F(x) = 0{,}2x^5$
F	$F(x) = x^3$
X	$F(x) = \frac{1}{3}(3x - x^3)$
K	$F(x) = 0{,}25x^4 + 0{,}5x^2$
N	$F(x) = 10 + 2x - 0{,}5x^2$
I	$F(x) = 0{,}5x^2 + 3$
O	$F(x) = 3x - 1$
T	$F(x) = \frac{1}{3}(27x + 18x^2 + 4x^3)$
U	$F(x) = (x + 4)^2 + 4$
E	$F(x) = x^6$

A-L-F				

6. Die Abbildung zeigt den Graphen G_f einer Funktion f sowie die Graphen $G_{f'}$, $G_{f''}$ und $G_{f'''}$ ihrer ersten drei Ableitungen; ordnen Sie passend zu.

①	②	③	④

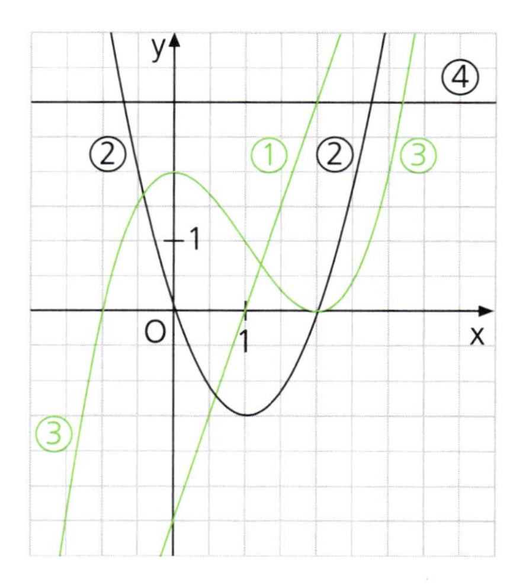

7. Gegeben sind die Graphen G_{f1}, G_{f2} und G_{f3} der drei Funktionen f_1, f_2 bzw. f_3. Ordnen Sie jedem dieser Graphen den Graphen der zugehörigen Ableitungsfunktion zu.

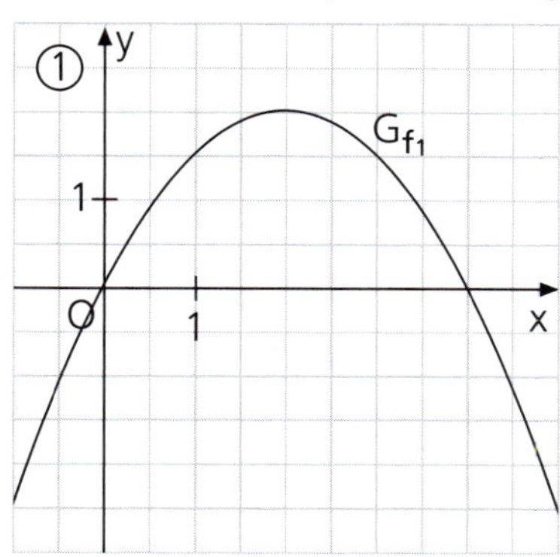

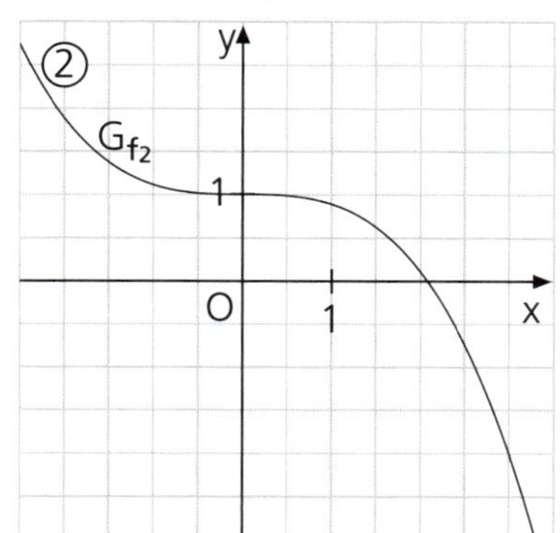

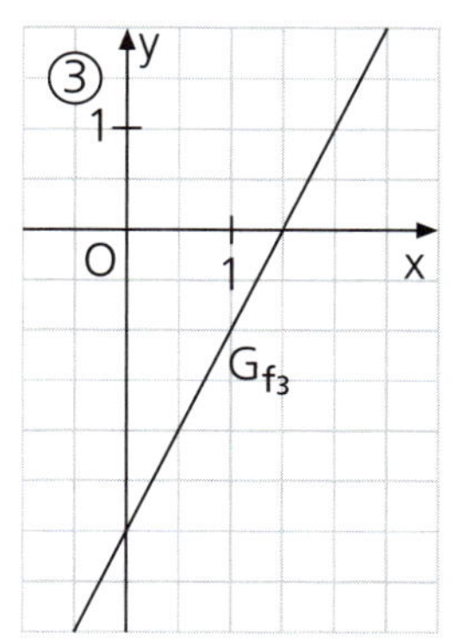

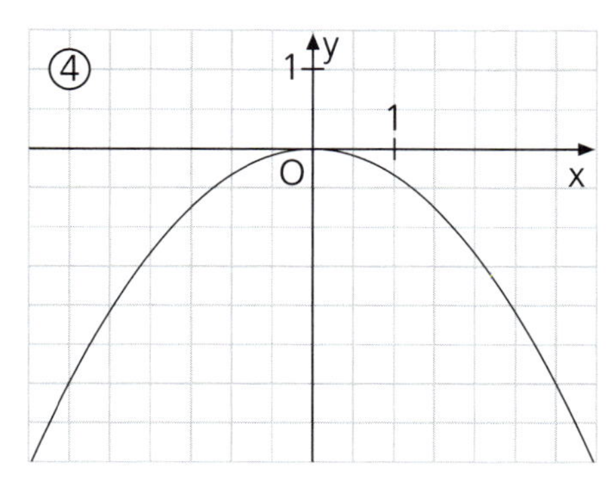

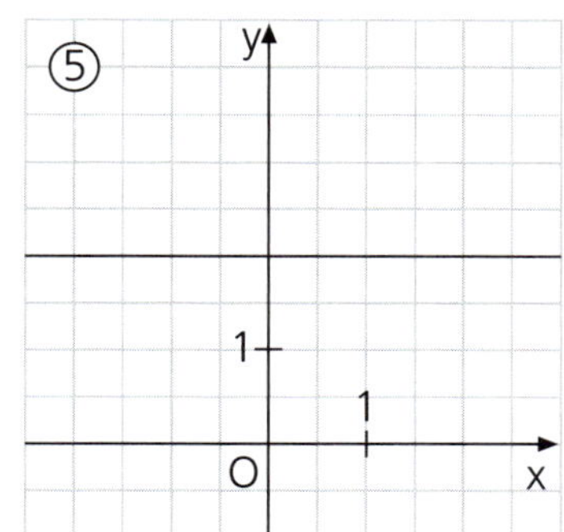

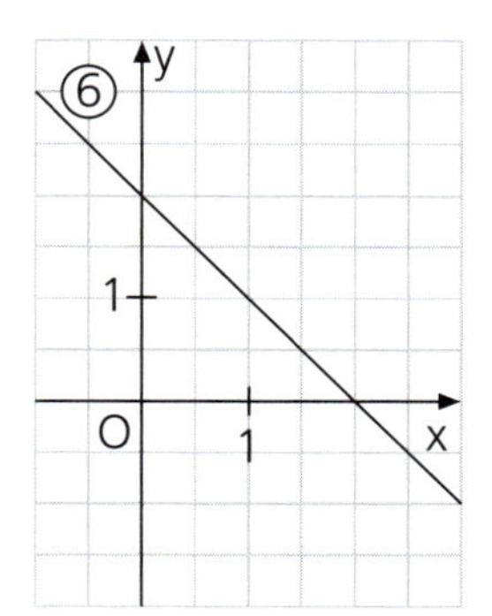

Funktion	f_1	f_2	f_3
Graph der Funktion	①	②	③
Ableitungsfunktion	f_1'	f_2'	f_3'
Graph der Ableitungsfunktion			

8. Die vier Abbildungen zeigen Graphen ganzrationaler Funktionen. Skizzieren Sie jeweils den Graphen der zugehörigen Ableitungsfunktion in dasselbe Koordinatensystem.

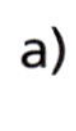

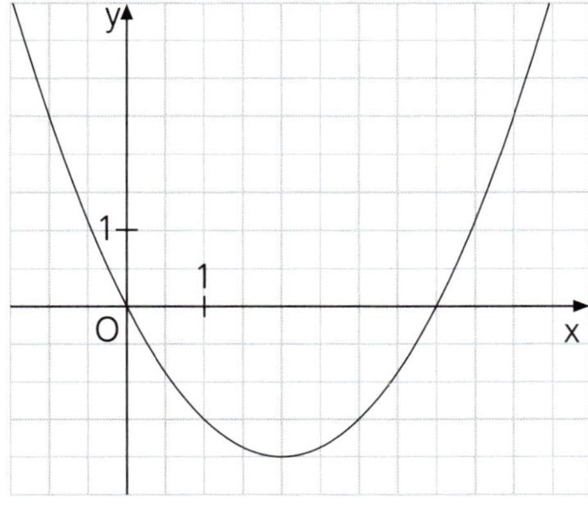

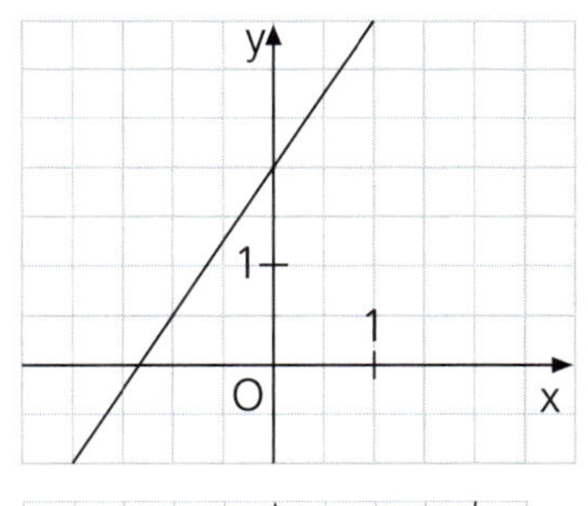

c)

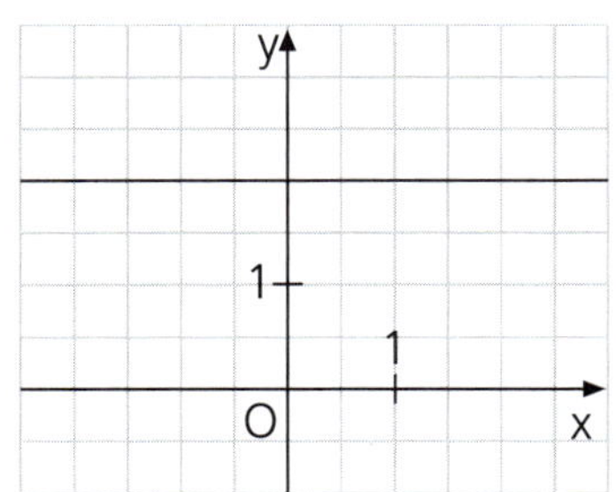

d)

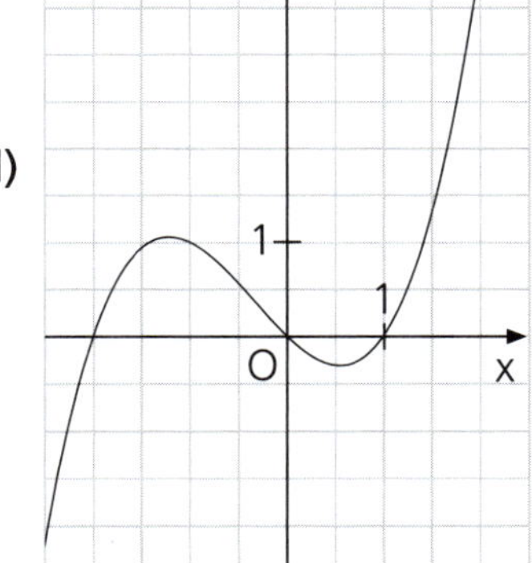

9. Zeichnen Sie den Graphen G_F einer Stammfunktion F der Funktion f: $f(x) = 0{,}25x^2$; $D_f = \mathbb{R}$.
Vervollständigen Sie dazu zunächst die Tabelle z. B. mithilfe des Graphen G_f, tragen Sie dann ein Richtungsfeld in das Koordinatensystem ein und skizzieren Sie den Graphen der Stammfunktion F mit F(0) = 1,5.

x	0	−1	1	−1,5
f(x) = F′(x)				

x	1,5	−2	2	−2,5
f(x) = F′(x)				

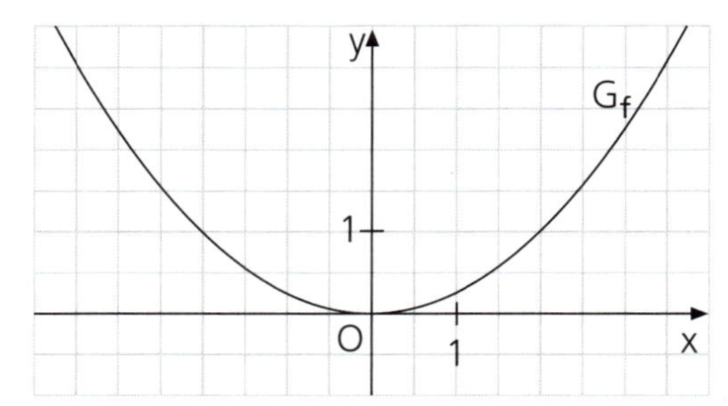

10. Gegeben ist die Funktion f: $f(x) = \frac{1}{2}x^2 - 2x$; $D_f = \mathbb{R}$ (ihr Graph ist die Parabel P) sowie die Schar von Funktionen g_a: $g_a(x) = ax - 2$; $a \in \mathbb{R}$; $D_{g_a} = \mathbb{R}$ (ihre Graphen bilden eine Geradenschar).

a) Ermitteln Sie die Koordinaten des Scheitels S der Parabel P und zeichnen Sie P in das Koordinatensystem ein.

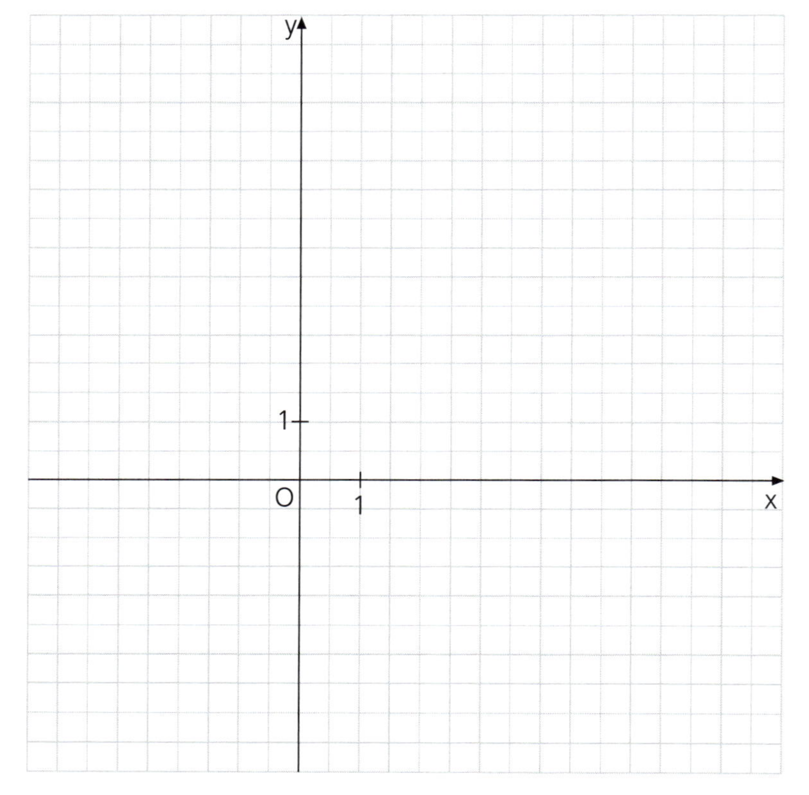

b) Finden Sie heraus, welche Gemeinsamkeit die Geraden der Schar besitzen, und tragen Sie G_{g_1}, $G_{g_{-1}}$ und $G_{g_{-2}}$ in das Koordinatensystem ein.

c) Ermitteln Sie die Gleichungen derjenigen beiden Geraden der Schar, die Tangenten t_1 und t_2 an die Parabel P sind, sowie die Koordinaten der Berührpunkte B_1 und B_2.
Tragen Sie die Tangenten t_1 und t_2 sowie die Punkte B_1 und B_2 in Ihre Zeichnung ein und bestimmen Sie die Größe φ der stumpfen Winkel, die t_1 und t_2 miteinander bilden.

d) Ermitteln Sie die Ableitungsfunktion f′ von f und zeichnen Sie $G_{f'}$ in das Koordinatensystem ein. Was fällt Ihnen auf?

1. Bilden Sie jeweils $f'(x)$ und berechnen Sie dann $f'(x_0)$.

	Funktionsterm f(x)	x_0	f'(x)	$f'(x_0)$
a)	$f(x) = \frac{2}{x}$	$\frac{1}{2}$		
b)	$f(x) = \frac{7}{x^2}$	-2		
c)	$f(x) = \left(2x - \frac{2}{x}\right)^2 =$	-1		
d)	$f(x) = \frac{x-1}{x+1}$	2		
e)	$f(x) = \frac{3}{x^2 + x}$	1		
f)	$f(x) = \frac{4}{4x+1}$	$\frac{1}{4}$		
g)	$f(x) = \frac{1}{32}x^4 + \frac{32}{x^4}$	2		
h)	$f(x) = 2x + 2 + \frac{1}{x-1}$	0		
i)	$f(x) = \left(x^2 - \frac{1}{x^2}\right)^2 =$	-1		
j)	$f(x) = \left(x - \frac{1}{x}\right)\left(x + \frac{1}{x}\right) =$	$\frac{1}{2}$		
k)	$f(x) = \frac{x}{x^2+1}$	0		
l)	$f(x) = \frac{x^2+1}{x}$	0,5		

2. Gegeben ist die Funktion f: $f(x) = -x + \frac{4}{x^2}$; $D_f = \mathbb{R}\setminus\{0\}$; ihr Graph ist G_f.

a) Ermitteln Sie die Koordinaten des Punkts U, in dem G_f die x-Achse schneidet, sowie die Gleichungen der Asymptoten von G_f. Zeichnen Sie G_f.

b) Finden Sie die Koordinaten des Punkts P heraus, in dem die Tangente t_P an G_f horizontal ist.
Berechnen Sie den Flächeninhalt des Vierecks PLUS mit den Eckpunkten P, L (–2 | 0), U [vgl. Teilaufgabe a)] und S (1 | f(1)).
Geben Sie zwei Eigenschaften des Vierecks PLUS an und tragen Sie es in Ihre Zeichnung zu a) ein.

c) Zeigen Sie, dass die Funktion F: $F(x) = -\frac{x^2}{2} - \frac{4}{x} + 4$: $D_F = \mathbb{R}\setminus\{0\}$, eine Stammfunktion von f ist.

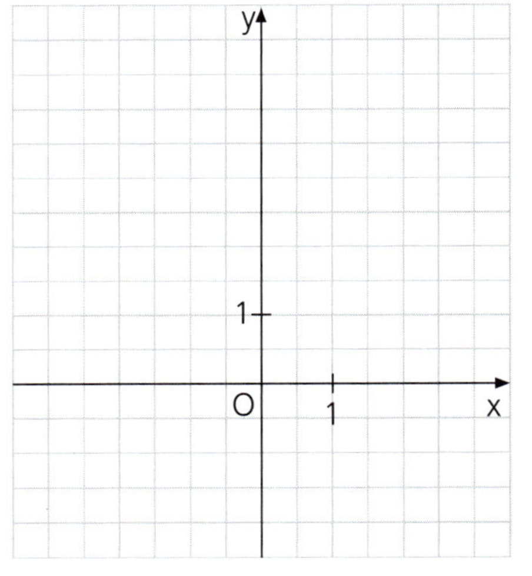

3. Vorgelegt ist die Funktion f: $f(x) = -x + 1 - \frac{1}{x+1}$; $D_f = \mathbb{R}\setminus\{-1\}$; ihr Graph ist G_f.

a) Geben Sie die Gleichungen der Asymptoten von G_f an und ermitteln Sie den Schnittpunkt S der Asymptoten.

b) Untersuchen Sie das Verhalten von f für $x \to -1$.

c) Bilden Sie f'(x) und zeigen Sie, dass f'(0) = f'(–2) = 0 ist.

d) Ergänzen Sie die Wertetabelle und skizzieren Sie dann [auch mithilfe der Ergebnisse der Teilaufgaben a), b) und c)] G_f.

x	–3	–2	–1,5	–0,5	0	1	2	3
f(x)	4,5							

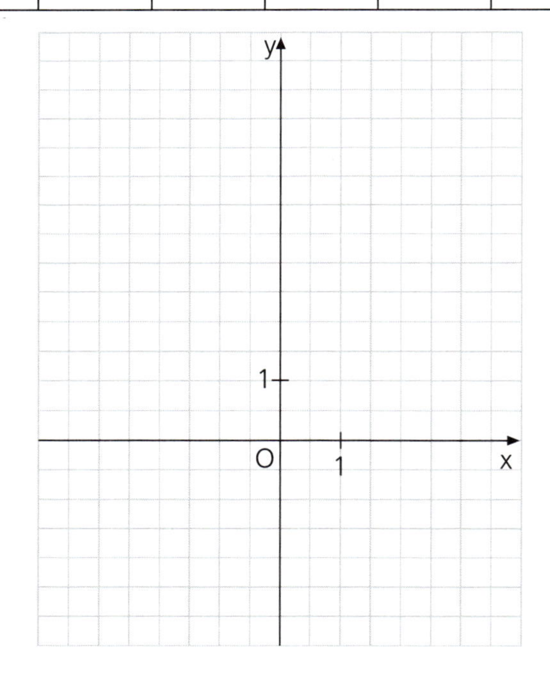

4. Gegeben ist die Funktion f: $f(x) = \frac{x^2}{x^2 - 1}$; $D_f = D_{f\,max}$; ihr Graph ist G_f.

a) Beschreiben Sie den Verlauf von G_f. Begründen Sie die von Ihnen angegebenen Eigenschaften von G_f. Kennzeichnen Sie in einem Koordinatensystem die „Felder", durch die G_f verläuft, und skizzieren Sie G_f.

b) Geben Sie die Ableitungsfunktion f' der Funktion f an.

5. Geben Sie jeweils zwei gebrochenrationale Funktionen an, deren Graphen

a) die Geraden a_1 und a_2 mit den Gleichungen $x = 0$ bzw. $y = x + 1$ als Asymptoten besitzen.

b) die Geraden a_1 und a_2 mit den Gleichungen $x = 0$ bzw. $y = -2x + 1$ als Asymptoten besitzen.

c) die Geraden a_1 und a_2 mit den Gleichungen $x = 1$ bzw. $y = 4x$ als Asymptoten besitzen.

d) die Geraden a_1 und a_2 mit den Gleichungen $x = 1$ bzw. $y = -2$ als Asymptoten besitzen.

e) die y-Achse im Punkt T (0 | 4) und die x-Achse in den Punkten N_1 (–2 | 0) und N_2 (2 | 0) schneiden.

6. Vorgelegt ist die Funktion f: $f(x) = a - \frac{b}{x^2}$; $a, b \in \mathbb{Z}$; $D_f = \mathbb{R}\backslash\{0\}$. Die Abbildung zeigt ihren Graphen G_f.
Ermitteln Sie die Werte der Parameter a und b und zeigen Sie, dass G_f symmetrisch zur y-Achse ist.

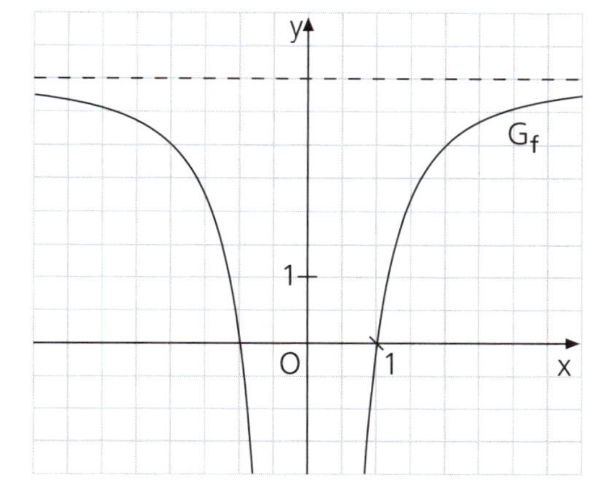

Die Schnittpunkte R und S ($x_R < x_S$) von G_f mit der x-Achse und der Punkt T (0 | t); $t \in \mathbb{R}^+$, sind die Eckpunkte des Dreiecks RST. Ermitteln Sie den Flächeninhalt des Dreiecks RST,

(1) wenn t = 4 ist.

(2) wenn das Dreieck RST rechtwinklig mit der Hypotenuse [RS] ist.

(3) wenn das Dreieck RST gleichseitig ist.

Finden Sie heraus, in welchem Punkt T* die Tangenten an G_f in den Punkten R und S einander schneiden, und berechnen Sie die Größe φ des kleinsten Innenwinkels des Dreiecks RT*S.

7. Gegeben sind die Funktionen f: $f(x) = \frac{4}{x^2}$; $D_f = \mathbb{R}$, und g: $g(x) = 3 - ax^2$; $D_g = \mathbb{R}$; ihre Graphen sind G_f bzw. G_g.
Finden Sie denjenigen Wert des Parameters $a \in \mathbb{R}^+$ heraus, für den die Graphen G_f und G_g einander berühren.
Ermitteln Sie die Koordinaten der Berührpunkte B_1 und B_2 und berechnen Sie den Flächeninhalt des Vierecks mit den Eckpunkten B_1, B_2, O (0 | 0) und S (0 | 3).
Geben Sie mindestens drei Eigenschaften dieses Vierecks an.

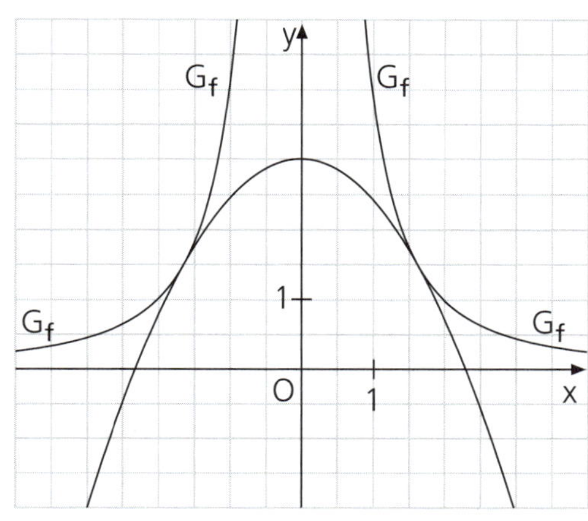

8. Die Abbildungen zeigen die Graphen G_f von drei gebrochenrationalen Funktionen f ($D_f = D_{f\,max}$) und die Graphen $G_{f'}$ ihrer Ableitungfunktionen f'. Ordnen Sie zunächst den Funktionsgleichungen ① $y = \frac{1}{x-1}$, ② $y = 1 - \frac{1}{x-1}$ und ③ $y = x + \frac{1}{x-1}$ die Funktionsgraphen zu und finden Sie dann zu jeder der drei Funktionen den Graph der Ableitungsfunktion.

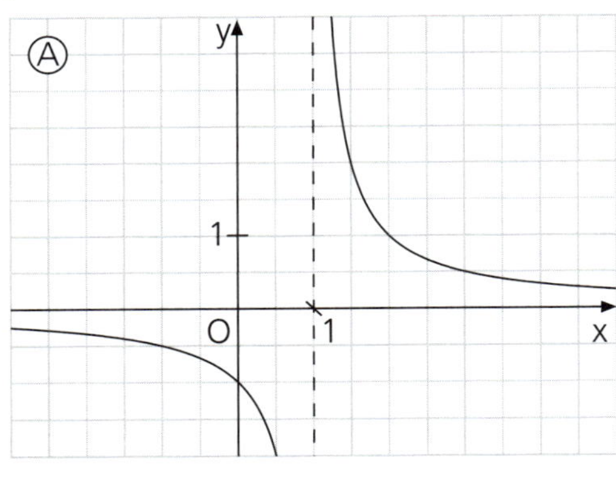

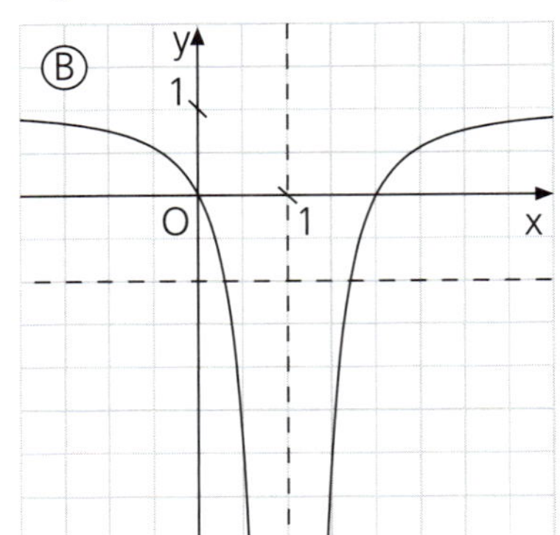

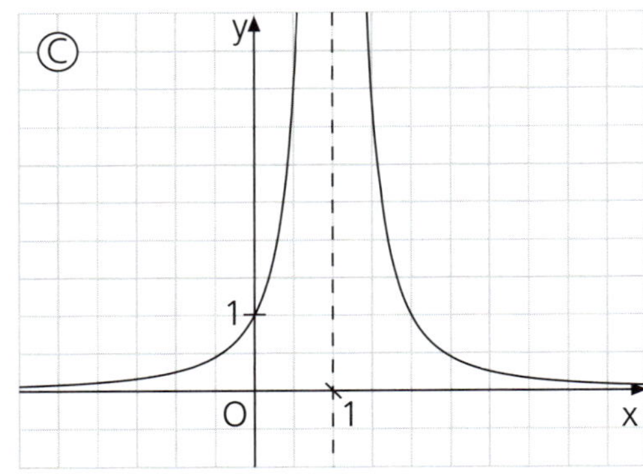

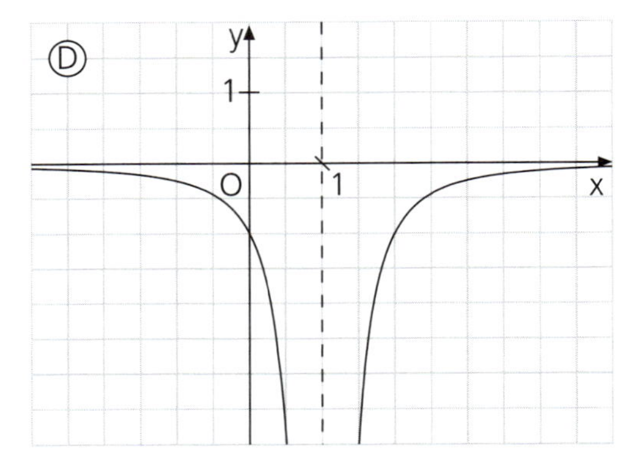

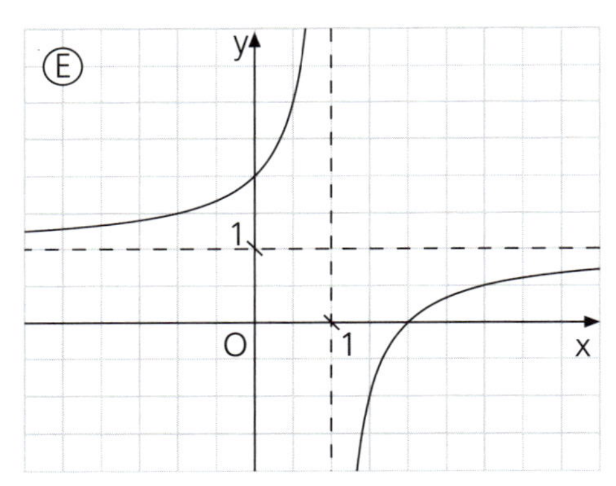

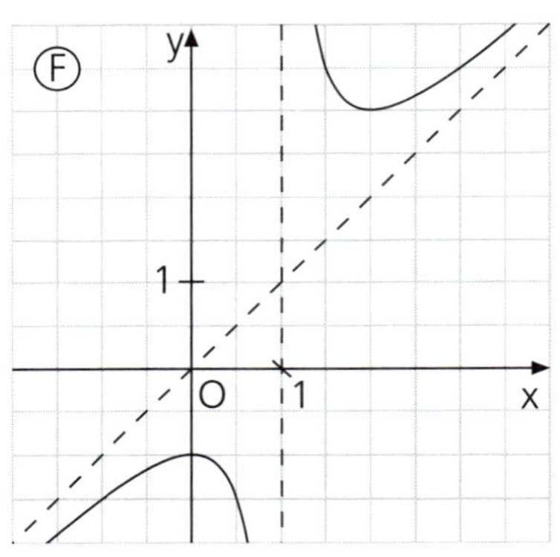

Funktionsgleichung	①	②	③
Funktionsgraph			
Graph der Ableitungsfunktion			

1. Die Abbildungen zeigen die Graphen G_f von drei ganzrationalen Funktionen f (mit $D_f = \mathbb{R}$) und die Graphen $G_{f'}$ der zugehörigen Ableitungsfunktionen f' (sämtliche Achsenpunkte von G_f sind jeweils Gitterpunkte).

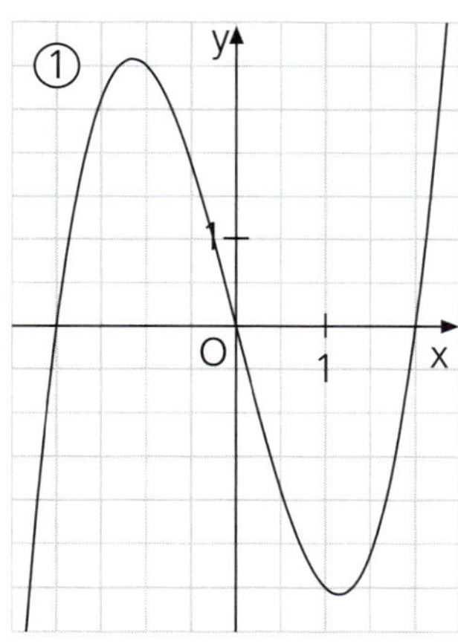

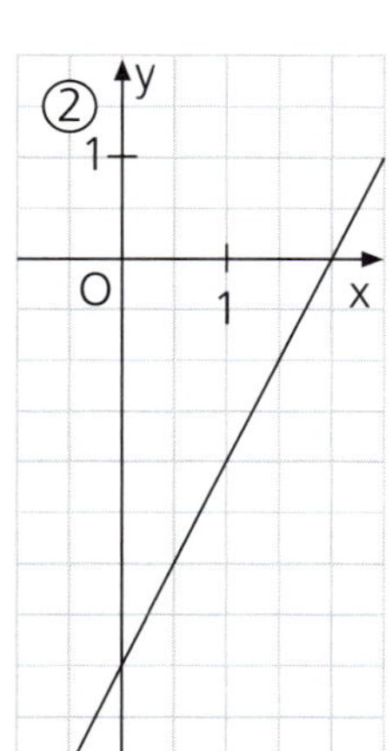

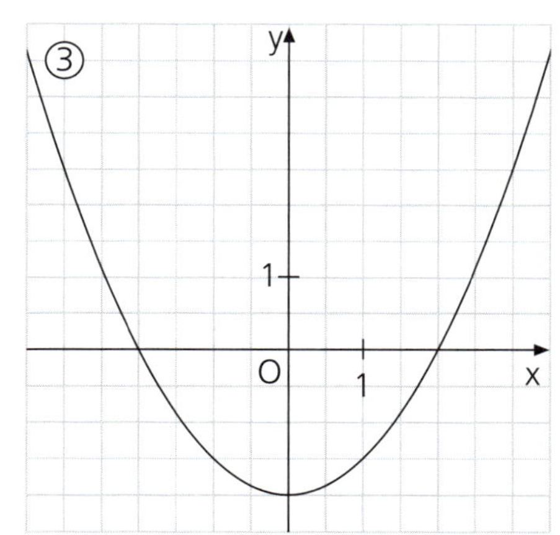

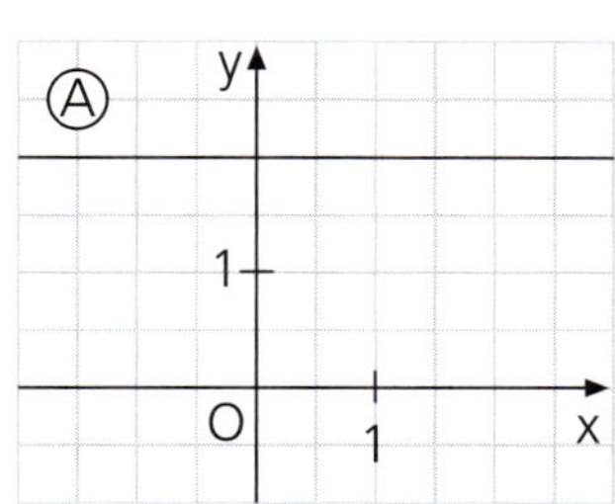

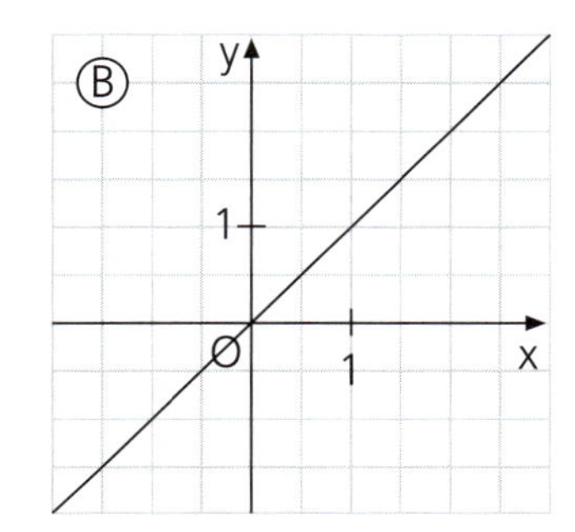

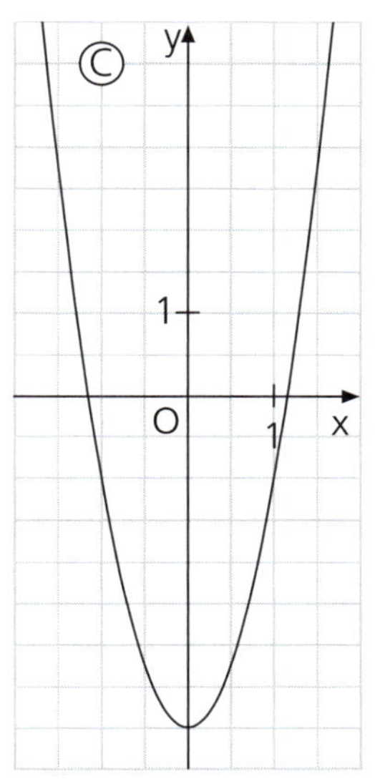

a) Geben Sie bei jedem der sechs Graphen die Koordinaten der Achsenpunkte an.

b) Orden Sie jeweils Funktionsgraph und Graph der Ableitungsfunktion einander zu.

Graph G_f	①	②	③
Grapf $G_{f'}$			

2. Ermitteln Sie jeweils das Intervall, in dem die Funktion f: $f(x) = \frac{1}{4}(x + 2)(x - 4)$; $D_f = \mathbb{R}$;

a) streng monoton zunimmt.

b) streng monoton abnimmt.

Veranschaulichen Sie diese Intervalle am Funktionsgraphen.

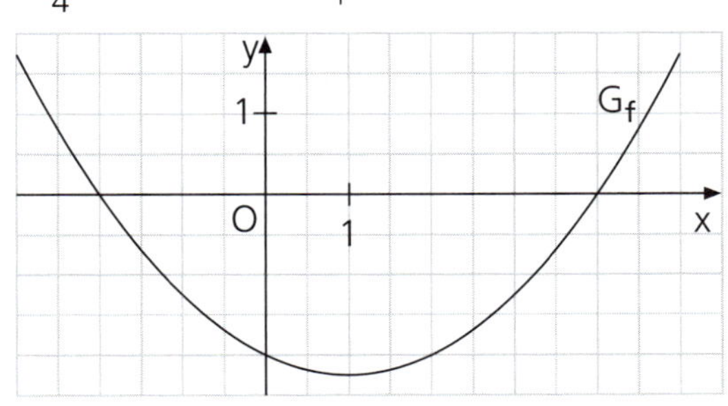

a) I_1 =

b) I_2 =

3. Die Abbildung zeigt den Graphen G_f der Funktion f: $f(x) = 0{,}5x^3 - 2x$; $D_f = \mathbb{R}$.
Ermitteln Sie die Intervalle, in denen die Funktion f streng monoton zunimmt (bzw. abnimmt), sowie die Extrempunkte von G_f und stellen Sie Ihre Ergebnisse in der Monotonietabelle dar.

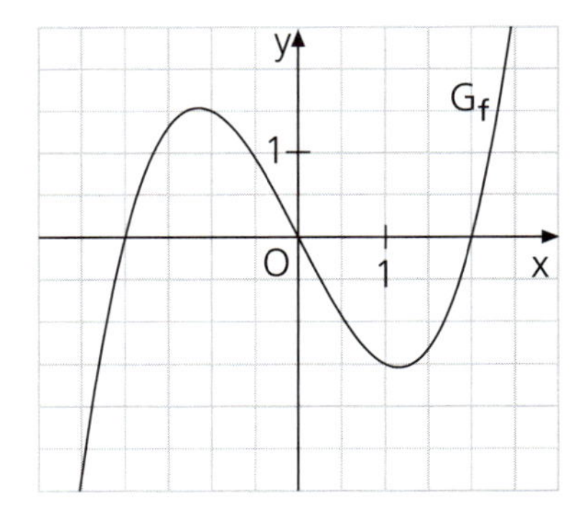

x	$-\infty < x <$	$x =$	$< x <$	$x =$	$< x < \infty$
f'(x)	$f'(x) > 0$				
Vorzeichen-wechsel von f'(x)	—	von + nach –			
f	nimmt streng monoton zu				
G_f	steigt streng monoton				

4. Gegeben ist die Funktion f: $f(x) = -0{,}5(x^4 - 2x^2)$; $D_f = \mathbb{R}$; ihr Graph ist G_f.

a) Zeigen Sie, dass G_f symmetrisch zur y-Achse ist.

b) Stellen Sie zunächst f'(x) möglichst weitgehend faktorisiert dar. Ermitteln Sie dann die Nullstellen von f'(x) und ergänzen Sie die Monotonietabelle.

x	$-\infty < x <$	$x =$	$< x <$	$x =$	$< x <$	$x =$	$< x < \infty$
f'(x)							
Vorzeichen-wechsel von f'(x)							
f							
G_f							

c) Zeichnen Sie G_f.

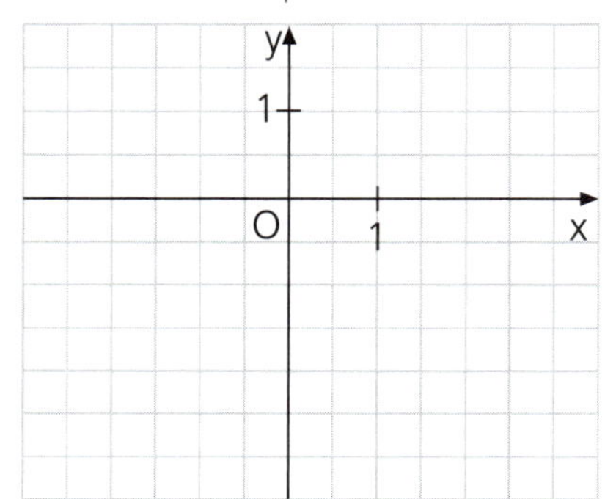

5. Vorgelegt ist die Funktion f: $f(x) = \frac{x^5}{8} - \frac{5x^3}{6}$; $D_f = \mathbb{R}$; ihr Graph ist G_f.
Ermitteln Sie die Nullstellen ihrer ersten Ableitung und untersuchen Sie das Verhalten von f und von G_f an diesen Stellen. Ergänzen Sie die Monotonietabelle; geben Sie dabei die Koordinaten aller Extrempunkte von G_f an. Skizzieren Sie G_f und kontrollieren Sie Ihre Ergebnisse mithilfe eines Funktionsplotters.

x	$-\infty < x <$	$x =$	$< x <$	$x =$	$< x <$	$x =$	$< x < \infty$
f'(x)							
Vorzeichen-wechsel von f'(x)							
f							
G_f							

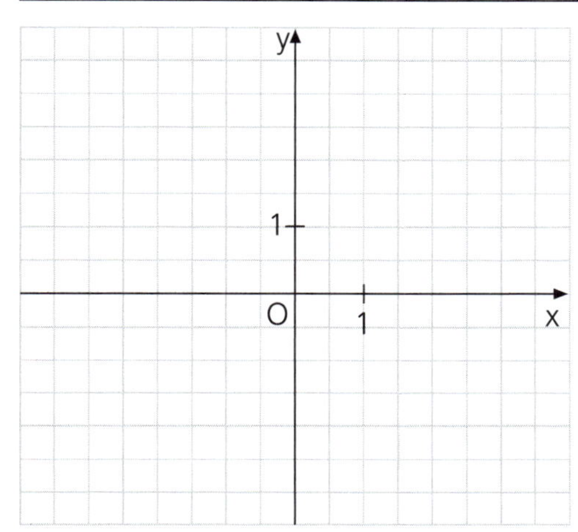

6. Geben Sie jeweils das Monotonieverhalten der Funktion f in Abhängigkeit vom Wert des Parameters an.

a) f: $f(x) = ax^2$; $a \in \mathbb{R}\setminus\{0\}$; $D_f = \mathbb{R}$

a	a > 0		a < 0	
x	x > 0	x < 0	x > 0	x < 0
f'(x)				
f				

b) f: $f(x) = ax^3$; $a \in \mathbb{R}\setminus\{0\}$; $D_f = \mathbb{R}$

c) f: $f(x) = ax^2 - 2ax + a$; $a \in \mathbb{R}\setminus\{0\}$; $D_f = \mathbb{R}$

a	a > 0		a < 0	
x	x > 1	x < 1	x > 1	x < 1
f'(x)				
f				

d) f: $f(x) = a^2\sqrt{x}$; $a \in \mathbb{R}\setminus\{0\}$; $D_f = \mathbb{R}^+$

7. Die Abbildungen zeigen den Graphen G_f einer ganzrationalen Funktion f sowie die Graphen $G_{f'}$ und $G_{f''}$ ihrer ersten beiden Ableitungsfunktionen (sämtliche Achsenpunkte sind Gitterpunkte).

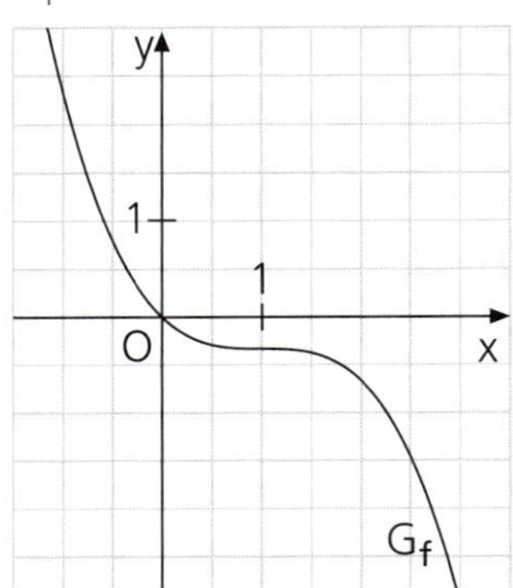

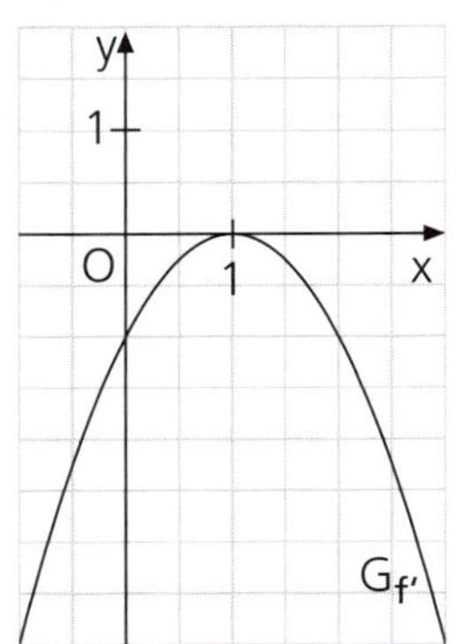

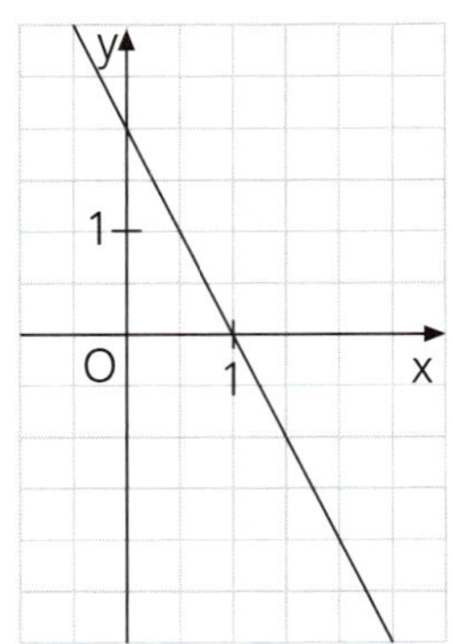

Geben Sie zunächst $f''(x)$ und $f'(x)$ an und ermitteln Sie dann den Funktionsterm $f(x)$.

$f''(x) =$ ______________________; $f'(x) =$ ______________________;

$f(x) =$ ______________________

Ergänzen Sie die Monotonietabelle.

x	$-\infty < x <$	$x =$	$< x < \infty$
f'(x)			
f			

8. Gegeben sind die vier Funktionen.
f: $f(x) = 2x$; $D_f = \mathbb{R}$,
g: $g(x) = x$; $D_g = \mathbb{R}$,
h: $h(x) = -2x - 2$; $D_h = \mathbb{R}$, und
k: $k(x) = -4x + 4$; $D_k = \mathbb{R}$.
Die Abbildung zeigt zu jeder dieser vier Funktionen den Graphen einer Stammfunktion F, G, H bzw. K.
Ordnen Sie jedem Stammfunktionsgraphen ①, ②, ③ und ④ die zugehörige Funktion f, g, h bzw. k zu.

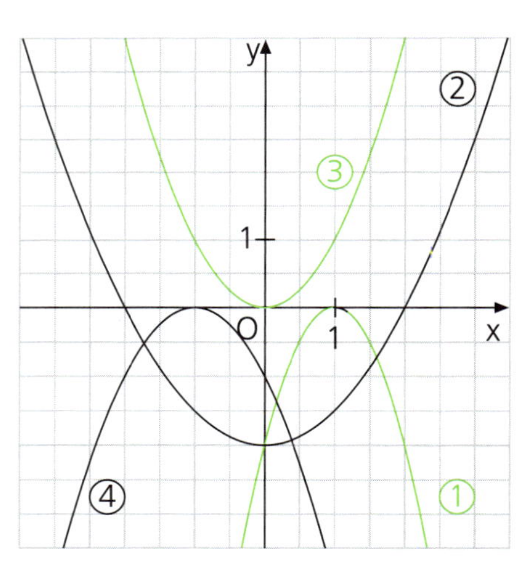

Stammfunktionsgraph	①	②	③	④
Funktion				

1. Untersuchen Sie bei jeder der neun Funktionen f (mit $D_f = D_{f\,max}$) das Symmetrieverhalten.

a) f: $f(x) = x^2 + \frac{1}{x^2}$ b) f: $f(x) = x - \frac{1}{x^2}$ c) f: $f(x) = (x + 2)^2 - 4x$

d) f: $f(x) = x^4 + 5x^2 + 6$ e) f: $f(x) = -x^2 - \frac{1}{x^3}$ f) f: $f(x) = x^3 + \frac{1}{x}$

g) f: $f(x) = (x^2 - 1)^2$ h) f: $f(x) = \frac{12}{x^2 + 4}$ i) f: $f(x) = \frac{12x}{x^2 + 4}$

2. Ermitteln Sie bei jeder der zwölf Funktionen f (mit $D_f = D_{f\,max}$) Lage und Art der Extrempunkte ihres Graphen G_f.

a) f: $f(x) = -\frac{1}{12}x^3 + \frac{1}{2}x^2$ b) f: $f(x) = \frac{1}{9}x^3 - 3x + 6$ c) f: $f(x) = \frac{1}{2}x^2 - 4x + 8$

d) f: $f(x) = -\frac{1}{4}x^3 + \frac{9}{4}x$ e) f: $f(x) = \frac{x^2}{2} + \frac{8}{x}$ f) f: $f(x) = \frac{2}{3}x - \frac{1}{3x^2}$

g) f: $f(x) = x^3 - 6x^2 + 9x$ h) f: $f(x) = \frac{x^4}{16} - \frac{3}{2}x^2 + 5$ i) f: $f(x) = \frac{48}{x^2 + 12}$

j) f: $f(x) = x + 1 + \frac{4}{x^2}$ k) f: $f(x) = 0{,}2x^5 - 2x^3 + 5x + 2$ l) f: $f(x) = \frac{x^2}{24}(x^2 - 4)$

Untersuchen Sie bei jeder der fünf Aussagen, ob sie wahr ist:

(1) Bei 75% dieser Funktionen ist $D_{f\,max} = \mathbb{R}$.

(2) Bei einem Drittel dieser Funktionen verläuft der Graph durch den Ursprung O (0 | 0).

(3) Keiner der Graphen dieser Funktionen besitzt eine schräge Asymptote.

(4) 25% der Graphen dieser Funktionen sind symmetrisch zur y-Achse.

(5) Genau zwei der Graphen dieser Funktionen besitzen die y-Achse als senkrechte Asymptote.

3. Untersuchen Sie jeweils f an der Stelle x_0.

a) f: $f(x) = x^2 - \frac{1}{6}x^3$; $D_f = \mathbb{R}$; $x_0 = 0$

b) f: $f(x) = \frac{1}{4}x^4 - \frac{1}{2}x^2$; $D_f = \mathbb{R}$; $x_0 = 0$

c) f: $f(x) = \frac{1}{4}(2 - x)^3$; $D_f = \mathbb{R}$; $x_0 = 2$

Ordnen Sie jeder der drei Funktionen den zugehörigen Graphen zu und begründen Sie Ihre Entscheidung.

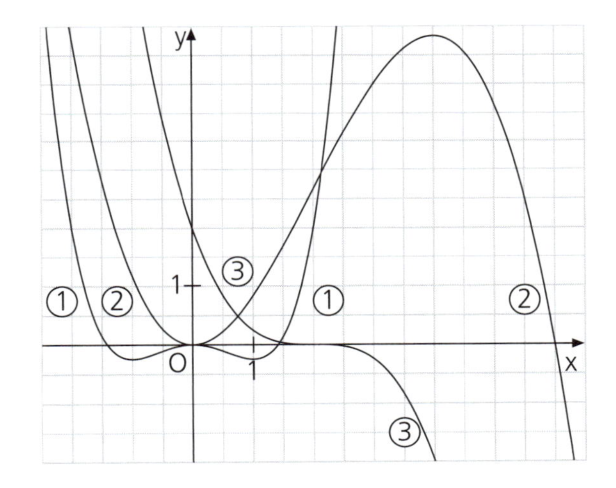

4. Von vier Funktionen f, g, h und k mit Definitionsmenge $\mathbb{R}$ sind die Ableitungsfunktionsterme $f'(x) = x(x - 2)$, $g'(x) = -x(x - 2)$, $h'(x) = x(x^2 - 4)$ bzw. $k'(x) = x(x - 2)(x + 1)$ gegeben.

a) Begründen Sie, dass die Funktionen f, g, h und k gemeinsame Extremstellen besitzen, und finden Sie jeweils die Art der Extremstellen heraus.

b) Die Abbildung zeigt die Graphen der Ableitungsfunktionen f′, g′, h′ und k′. Ordnen Sie die Ableitungsfunktionsterme passend zu.

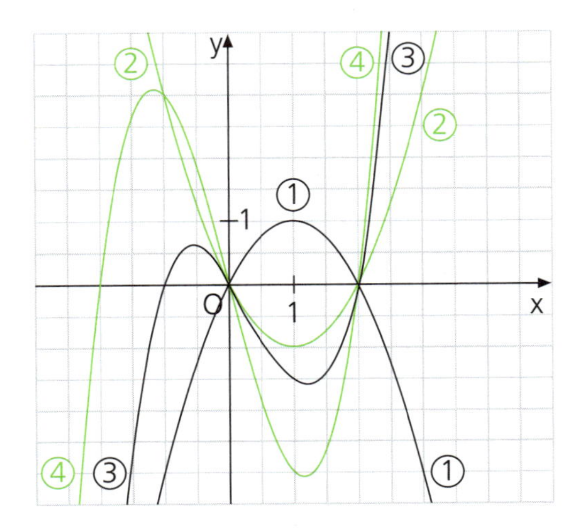

5. Finden Sie bei dem unten zweimal gezeichneten Funktionsgraphen G_f den Graphpunkt / die Graphpunkte bzw. den Kurvenbogen / die Kurvenbögen mit der angegebenen Eigenschaft / den angegebenen Eigenschaften heraus.

a) $f'(x) = 0$ **b)** $f(x) = 1$ **c)** $f(x) \leqq 0$

d) $2 \leqq f(x) < 3$ **e)** $f'(x) > 0$ **f)** $f(x) > 0$ und $f'(x) < 0$

g) $x > 3$ und $f'(x) > 0$ **h)** $-1 < x \leqq 2$ und $f(x) > 1$ **i)** $x < 0$ und $f(x) < 0$

Formulieren Sie jeweils die Bedingung:

j) Der Graphpunkt P (x I f(x)) liegt im I. Quadranten.

k) Der Graphpunkt P (x I f(x)) liegt unterhalb der Winkelhalbierenden des I. und des III. Quadranten.

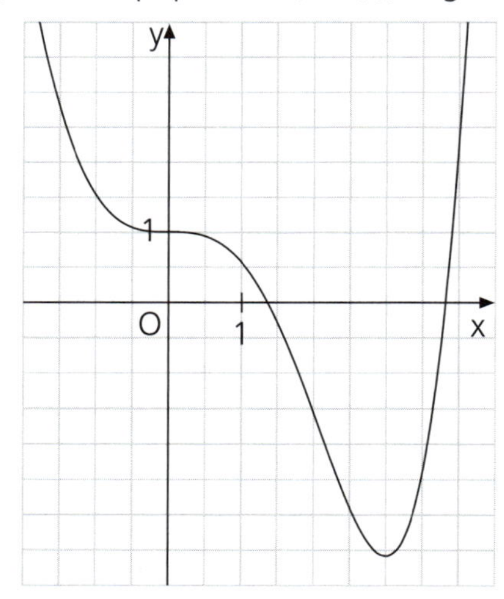

Teilaufgaben a) bis c)

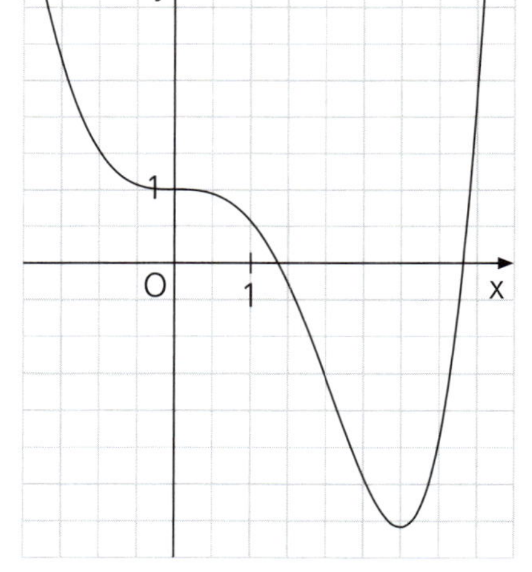

Teilaufgaben d) bis f)

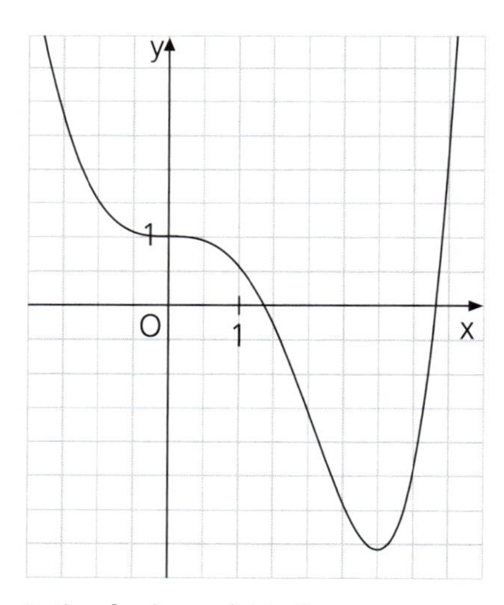

Teilaufgaben g) bis i)

6. Die Abbildung zeigt den Graphen G_f einer ganzrationalen Funktion f dritten Grads ($D_f = \mathbb{R}$).

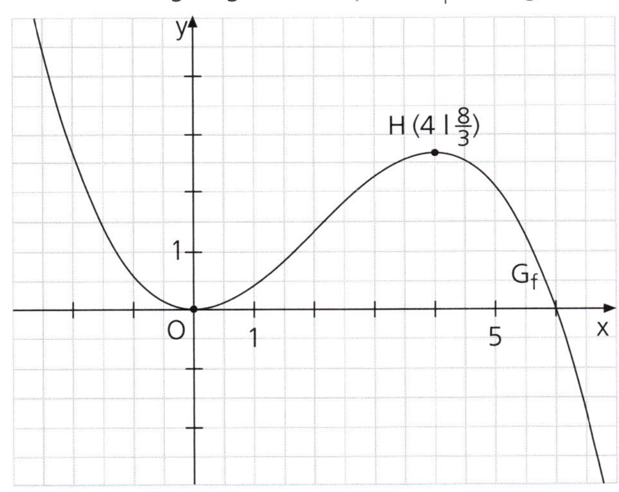

a) Finden Sie den Funktionsterm f(x) heraus.

b) Untersuchen Sie das Monotonieverhalten der Funktion f und ihres Graphen G_f und stellen Sie es in der Tabelle dar.

x					
f'(x)					
f					
G_f					

c) Die Graphpunkte T (2 I f(2)), O (0 I 0) und M (6 I f(6)) sind die Eckpunkte des Dreiecks TOM. Ermitteln Sie seinen Flächeninhalt A_{TOM} sowie seine Umfangslänge U_{TOM}.
Geben Sie eine Gleichung der Tangente t_T an G_f im Graphpunkt T an; t_T schneidet die x-Achse im Punkt S. In welchem Verhältnis teilt S die Strecke [OM]?

7. Gegeben ist die Funktion f: $f(x) = -x^3 + 3x^2$; $D_f = \mathbb{R}$; ihr Graph ist G_f.

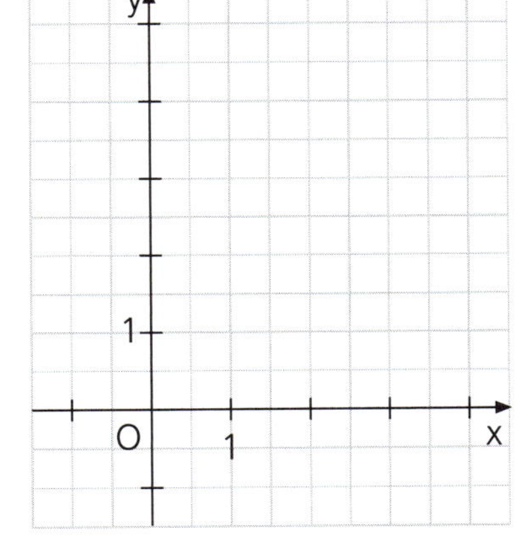

a) Ermitteln Sie die Koordinaten der Punkte N ($x_N > 0$) und N* die G_f mit der x-Achse gemeinsam hat, sowie Lage und Art der Extrempunkte von G_f.

b) Geben Sie eine Gleichung der Tangente t_S an G_f im Punkt S (1 I f(1)) an.

c) Zeichnen Sie G_f.

d) Berechnen Sie den Flächeninhalt und die Umfangslänge des Dreiecks mit den Eckpunkten O (0 I 0), N [vgl. a)] und H (2 I f(2)).

e) Finden Sie den Eckpunkt H* eines gleichseitigen Dreiecks ONH* über der Strecke [ON] sowie den Eckpunkt H** eines gleichschenklig-rechtwinkligen Dreiecks ONH** über der Hypotenuse [ON].

f) Zeigen Sie, dass der Punkt M (1,5 I 1,75) Mittelpunkt des Umkreises k des Dreiecks ONH [vgl. Teilaufgabe d)] ist.
Berechnen Sie, wie viel Prozent der Fläche des Kreises k das Dreieck ONH einnimmt.

8. Vorgelegt ist die Funktion f: $f(x) = \frac{4}{9}x^4 - \frac{4}{3}x^2$; $D_f = \mathbb{R}$; ihr Graph ist G_f.

a) Stellen Sie f(x) möglichst weitgehend faktorisiert dar. Welche Eigenschaften von G_f können Sie aus der faktorisierten Form von f(x) ablesen?

b) Zeigen Sie, dass G_f symmetrisch zur y-Achse ist.

c) Geben Sie die Koordinaten der Punkte an, die G_f mit der x-Achse gemeinsam hat.

d) Untersuchen Sie das Verhalten von G_f für $x \to \infty$ und für $x \to -\infty$.

e) Ermitteln Sie Lage und Art der Extrempunkte von G_f.

f) Zeichnen Sie G_f in das Koordinatensystem ein.

g) Ermitteln Sie eine Gleichung der Tangente t_A an G_f im Graphpunkt A (1,5 | f(1,5)) und tragen Sie t_A in Ihre Zeichnung ein.

Die Tangente t_A berandet mit den Koordinatenachsen ein rechtwinkliges Dreieck. Berechnen Sie die spitzen Innenwinkel dieses Dreiecks auf Grad gerundet.

y
1
O
1
x

9. Berechnen Sie jeweils mithilfe des Newton-Verfahrens die Nullstelle der Funktion f auf Tausendstel genau.

a) f: $f(x) = x^3 - 3x^2 + 3x - 3$; $D_f = \mathbb{R}$

n	x_n	$f(x_n)$	$f'(x_n)$	x_{n+1}
1	2,5	1,375	6,75	2,296296
2	2,296296			
3				
4				

b) f: $f(x) = x^3 + 2x - 5$; $D_f = \mathbb{R}$

n	x_n	$f(x_n)$	$f'(x_n)$	x_{n+1}
1	1,5			
2				
3				
4				

1. Gegeben ist die Funktion f: $f(x) = 1 + \frac{1}{x^2}$; $D_f = \mathbb{R}\backslash\{0\}$. Berechnen Sie den Wert des Differenzenquotienten für

a) das Intervall [1; 2]. **b)** das Intervall [0,5; 2,5].

c) das Intervall [10; 20]. **d)** das Intervall [–10; –5].

2. Gegeben ist die Funktion f: $f(x) = \frac{x^2}{8}$; $D_f = \mathbb{R}$. Geben Sie jeweils eine Gleichung der Sekante durch die Graphpunkte A und B an und berechnen Sie die Länge der Sehne [AB].

a) A (0 | f(0)), B (2 | f(2)) **b)** A (–2 | f(–2)), B (2 | f(2))

c) A (–1 | f(–1)), B (2 | f(2)) **d)** A (1 | f(1)), B (4 | f(4))

3. Ermitteln Sie jeweils $f'(x_0)$ als Grenzwert des Differenzenquotienten.

a) f: $f(x) = 2x^2$; $D_f = \mathbb{R}$; $x_0 = 1$ **b)** f: $f(x) = x^2 + 1$; $D_f = \mathbb{R}$; $x_0 = -2$

c) f: $f(x) = \frac{2}{x}$; $D_f = \mathbb{R}\backslash\{0\}$; $x_0 = 2$ **d)** f: $f(x) = \sqrt{3x}$ $D_f = \mathbb{R}^+$; $x_0 = 3$

4. Finden Sie durch Überlegen heraus, welches Vorzeichen der Wert der Ableitung der Funktion f: $f(x) = 2(x^2 - 4)$; $D_f = \mathbb{R}$, an der Stelle x_0 hat.

a) $x_0 = 2$ **b)** $x_0 = -4$ **c)** $x_0 = 0,5$ **d)** $x_0 = -10$ **e)** $x_0 = 0$

5. Jede der beiden Abbildungen zeigt den Graphen G_f einer Funktion f ($D_f = \mathbb{R}$); die markierten Graphpunkte sind Gitterpunkte. Tragen Sie jeweils den Graphen $G_{f'}$ der Ableitungsfunktion f' ein.

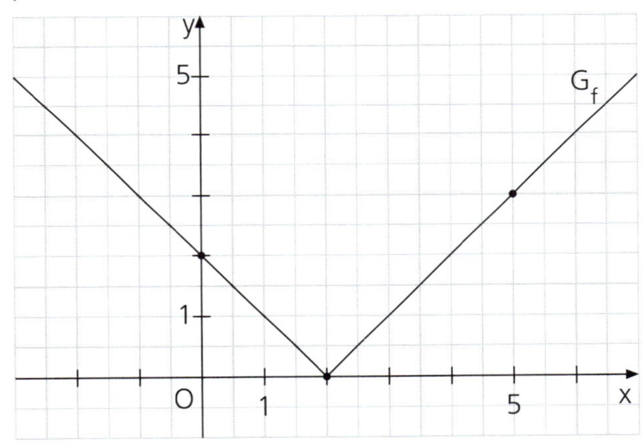

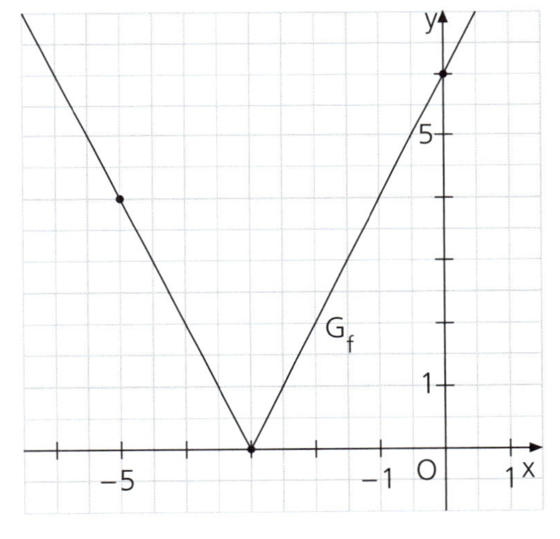

6. Ermitteln Sie jeweils zunächst die Ableitungsfunktion f' und geben Sie dann $f'(x_0)$ an.

a) f: $f(x) = -2x^2$; $D_f = \mathbb{R}$; $x_0 = -1$ **b)** f: $f(x) = (4 - x)^2$; $D_f = \mathbb{R}$; $x_0 = 2$

c) f: $f(x) = 1 - \frac{1}{x}$; $D_f = \mathbb{R}\backslash\{0\}$; $x_0 = 1$ **d)** f: $f(x) = \sqrt{x}$; $D_f = \mathbb{R}_0^+$; $x_0 = 5$

7. Finden Sie jeweils heraus, an welcher Stelle der Graph G_f der Funktion f die Steigung m besitzt, und geben Sie eine Gleichung der zugehörigen Kurventangente an.
Hinweis: Verwenden Sie Teilergebnisse von Aufgabe 6.

a) f: $f(x) = -2x^2$; $D_f = \mathbb{R}$; $m = -4$ **b)** f: $f(x) = (4 - x)^2$; $D_f = \mathbb{R}$; $m = 2$

c) f: $f(x) = 1 - \frac{1}{x}$; $D_f = \mathbb{R}^-$; $m = 1$ **d)** f: $f(x) = \sqrt{x}$; $D_f = \mathbb{R}^+$; $m = 0,5$

8. Untersuchen Sie jeweils, ob die Funktion f an der Stelle $x_0 = 0$ differenzierbar ist.

a) f: $f(x) = x \cdot |x|$; $D_f = \mathbb{R}$ **b)** f: $f(x) = x^2 \cdot |x|$; $D_f = \mathbb{R}$

9. Ermitteln Sie jeweils eine Gleichung der Tangente t_P an den Graphen G_f der Funktion f im Punkt P sowie eine Gleichung der zugehörigen Normalen n_P. Berechnen Sie den Flächeninhalt des Dreiecks, das die Geraden t_P und n_P zusammen mit der y-Achse beranden.

a) f: $f(x) = -2x^2 + 1$; $D_f = \mathbb{R}$; P (1 | f(1))

b) f: $f(x) = 0{,}01x^3 - 5$; $D_f = \mathbb{R}$; P (10 | f(10))

c) f: $f(x) = \frac{4}{x+1} + 1$; $D_f = \mathbb{R}\setminus\{-1\}$; P (3 | f(3))

d) f: $f(x) = \frac{4}{1+x^2}$; $D_f = \mathbb{R}$; P (2 | f(2))

10. Die Abbildung I zeigt den Graphen G_f einer Funktion f; genau eine der drei Abbildungen ①, ② und ③ zeigt den Graphen $G_{f'}$ der Ableitungsfunktion von f. Finden Sie durch Ausschluss heraus, welche der Abbildungen dies ist, indem Sie bei jedem der beiden übrigen Graphen angeben, warum es sich bei ihm nicht um $G_{f'}$ handeln kann.

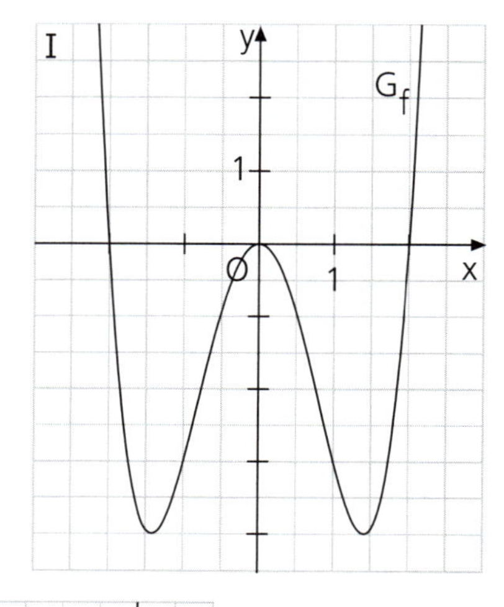

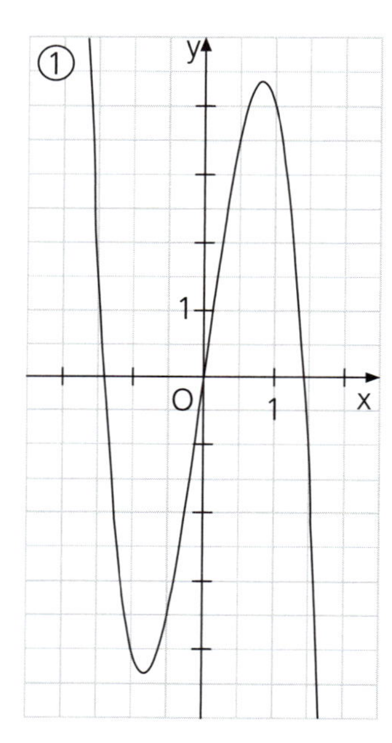

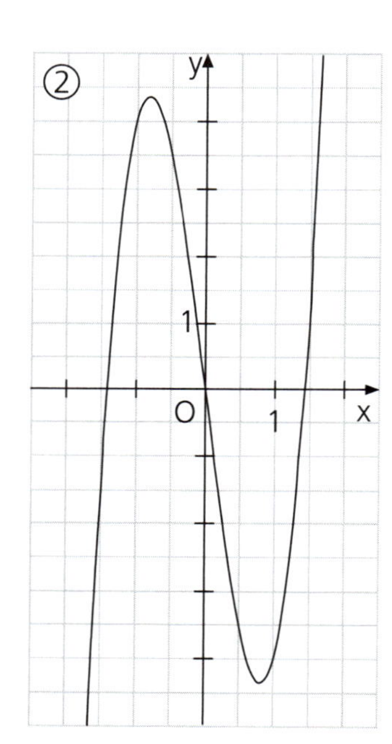

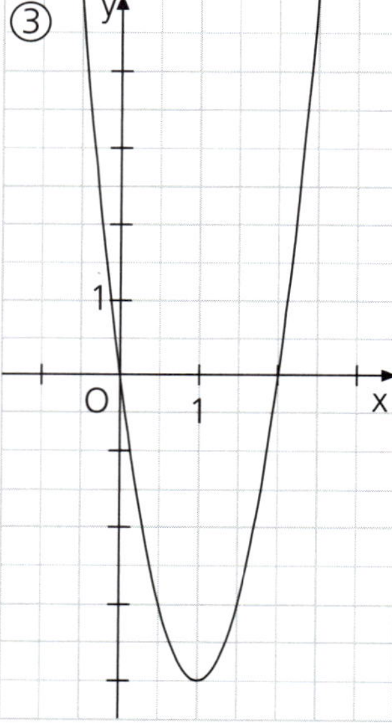

11. Die Abbildungen zeigen drei Funktionsgraphen. Tragen Sie jeweils den Graphen der zugehörigen Ableitungsfunktion ein.

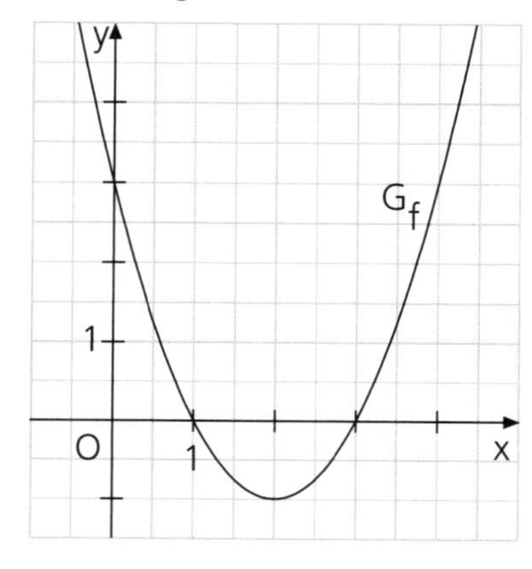

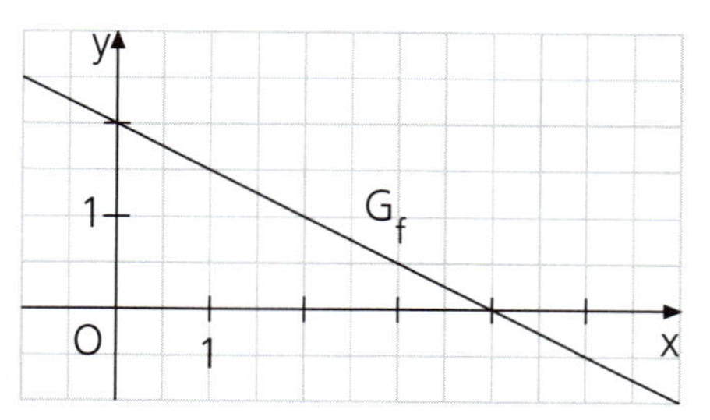

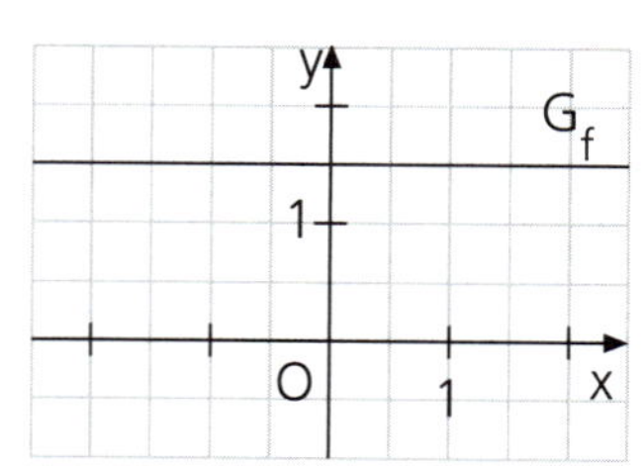

12. Bilden Sie jeweils $f'(x)$ und $f''(x)$.

	f(x)	$D_f = D_{f\,max}$	f'(x)	f''(x)
a)	$f(x) = x^5 + 5x^3$			
b)	$f(x) = 6x^2 - \frac{6}{x^2}$			
c)	$f(x) = (3 - 2x)^2 =$			
d)	$f(x) = \frac{x^2}{6} + x$			
e)	$f(x) = 1 - x - x^2 + x^3$			
f)	$f(x) = \frac{x + 6x}{x} =$			
g)	$f(x) = 1 - \frac{3}{5}x^5$			
h)	$f(x) = x(2 - x) =$			
i)	$f(x) = (x^2 - 1)(x^2 + 1) =$			
j)	$f(x) = (3 + x)^3 =$			

13. Bilden Sie jeweils f'(x).

	f(x)	$D_f = D_{f\,max}$	f'(x)
a)	$f(x) = \frac{2x^2}{x^2 - 9}$		
b)	$f(x) = \frac{4x}{x^2 + 4}$		
c)	$f(x) = \frac{10 - 5x}{x^3}$		
d)	$f(x) = \frac{x^2 + 3}{x + 1}$		
e)	$f(x) = \frac{x^2 + ax}{x + 1}$; $a \in \mathbb{R}^+ \setminus \{1\}$		
f)	$f(x) = 1 - \frac{2}{x} + \frac{1}{x^2}$		
g)	$f(x) = \frac{2x^3 + 2}{x^2}$		
h)	$f(x) = \frac{2x^2 - 4a^2}{x^2 - a^2}$; $a \in \mathbb{R}^+$		
i)	$f(x) = \frac{2 - x}{x^2 - x}$		
j)	$f(x) = \frac{x^2}{x + k}$; $k \in \mathbb{R}^+$		

Finden Sie jeweils heraus, die Graphen welcher dieser zehn Funktionen

(1) durch den Ursprung verlaufen.
(2) achsensymmetrisch zur y-Achse sind.
(3) punktsymmetrisch zum Ursprung sind.
(4) die y-Achse oberhalb des Ursprungs schneiden.
(5) die y-Achse unterhalb des Ursprungs schneiden.
(6) mit der x-Achse mehr als einen Punkt gemeinsam haben.
(7) eine waagrechte Asymptote besitzen.
(8) genau eine senkrechte Asymptote besitzen.

14. Untersuchen Sie die Funktionen der Teilaufgaben 13. a), b) und d) auf Extremstellen.

15. Finden Sie zu jedem der angegebenen Funktionsterme f(x)

a) den Ableitungsfunktionsterm f'(x). b) einen Stammfunktionsterm F(x).

	f(x)
C	$f(x) = 3x^2$
L	$f(x) = 50x$
S	$f(x) = 5x^4 + 4x^3$
U	$f(x) = 12 + x$
B	$f(x) = \frac{1}{x^2}$
F	$f(x) = x(x + 2)$
E	$f(x) = (1 + 2x)^2$
R	$f(x) = 0$
Y	$f(x) = \left(x + \frac{1}{x}\right)^2$

	f'(x)
U	$f'(x) = 0$
E	$f'(x) = 2x - \frac{2}{x^3}$
A	$f'(x) = 6x$
O	$f'(x) = 20x^3 + 12x^2$
L	$f'(x) = 4 + 8x$
Ä	$f'(x) = -\frac{2}{x^3}$
E	$f'(x) = 50$
T	$f'(x) = 1$
U	$f'(x) = 2(x + 1)$

	F(x)
F	$F(x) = x + 2x^2 + \frac{4}{3}x^3$
T	$F(x) = x^3 + 1$
L	$F(x) = x^5 + x^4$
O	$F(x) = 25(x^2 + 25)$
H	$F(x) = 1\,000\,000$
S	$F(x) = \frac{1}{3}x^3 + 2x - \frac{1}{x}$
R	$F(x) = \frac{2x - 1}{x}$
A	$F(x) = 12x + 0{,}5x^2$
N	$F(x) = \frac{1}{3}x^3 + x^2$

Lösung:	C-A-T			

16. Gegeben ist die Funktion f: $f(x) = 2x^3 + 5x^2 - 3x$; $D_f = \mathbb{R}$; ihr Graph ist G_f.

a) Stellen Sie den Funktionsterm f(x) in der Form $f(x) = 2(x - x_1)(x - x_2)(x - x_3)$ dar.

b) Ergänzen Sie die Tabelle.

x	$-\infty < x <$	$x =$	$< x <$	$x =$	$< x <$	$x =$	$< x < \infty$
f(x)	$f(x) < 0$	$f(x) = 0$		$f(x) = 0$		$f(x) = 0$	

c) Kennzeichnen Sie die „Felder", durch die G_f verläuft.

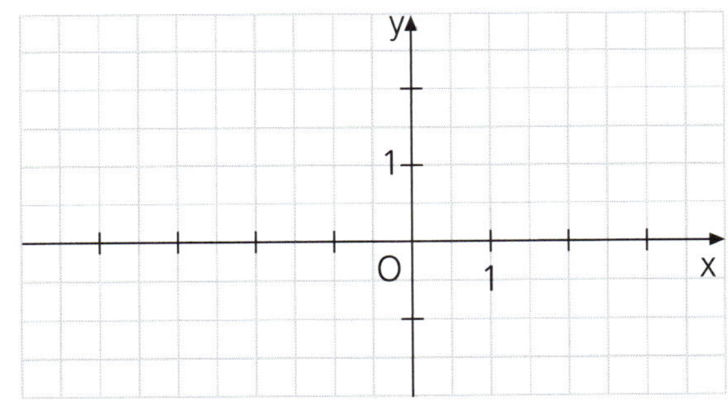

d) Ermitteln Sie die Koordinaten derjenigen Punkte C und D des Graphen G_f, in denen die Tangenten an G_f parallel zur Geraden g mit der Gleichung y = x verlaufen.

17. Die Abbildung A zeigt den Graphen G_f der Funktion f: $f(x) = \frac{x^4}{2} - x^3$; $D_f = \mathbb{R}$. Die Abbildungen B, C und D stellen zu G_f kongruente Funktionsgraphen dar.
Geben Sie an, wie diese Graphen aus G_f entstanden sind, und finden Sie die zugehörigen Funktionsterme heraus.

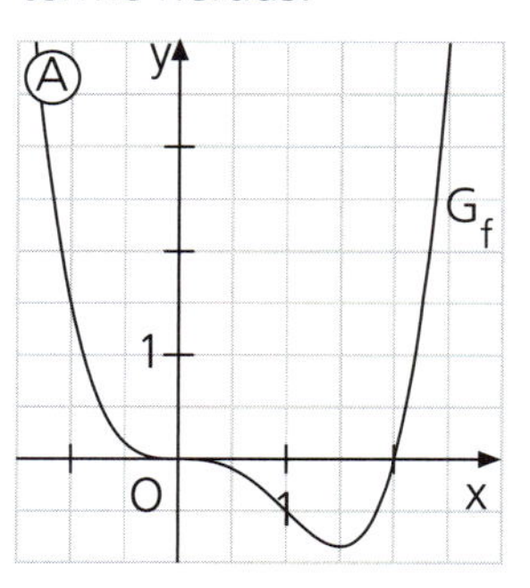

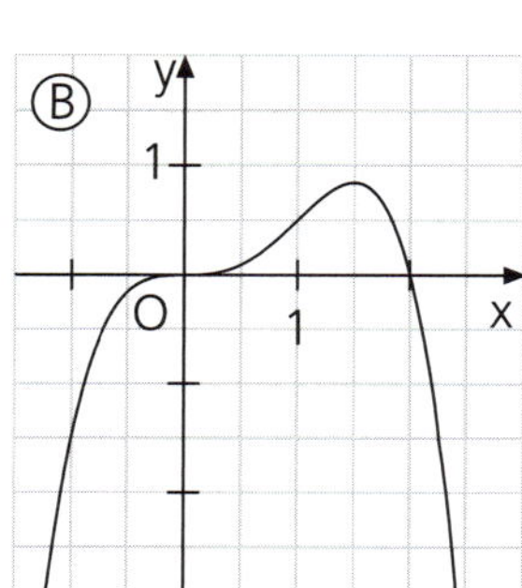

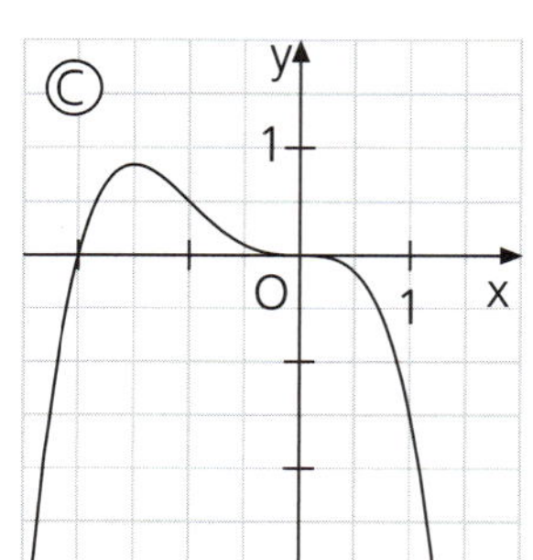

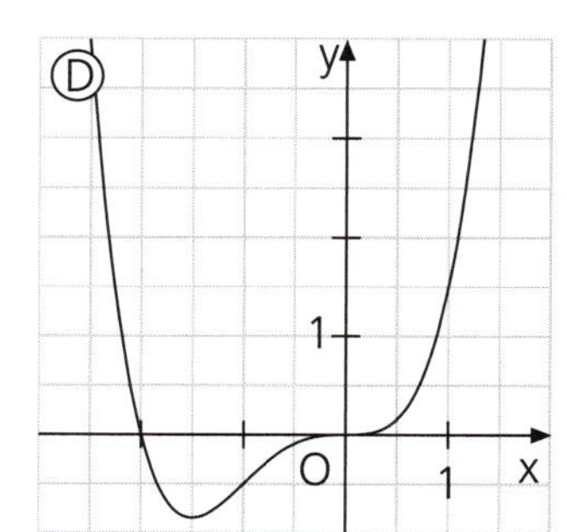

18. Die Abbildung A zeigt den Graphen G_f einer ganzrationalen Funktion f dritten Grads. Genau eine der Abbildungen ①, ② und ③ zeigt den Graphen einer Stammfunktion der Funktion f. Finden Sie heraus, welche Abbildung das ist.

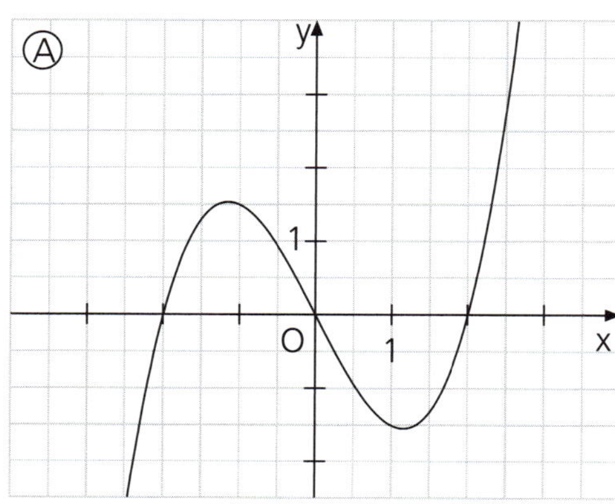

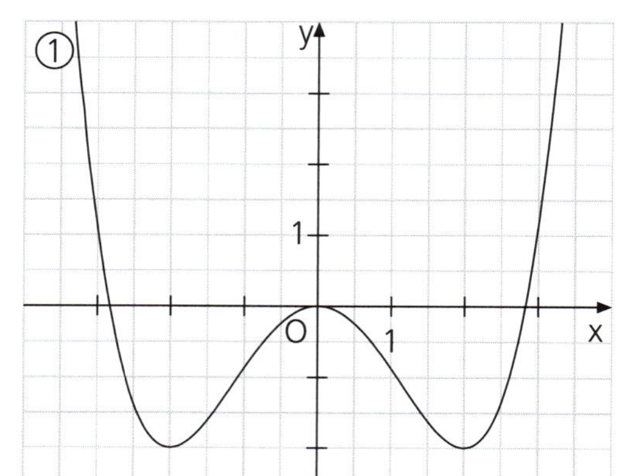

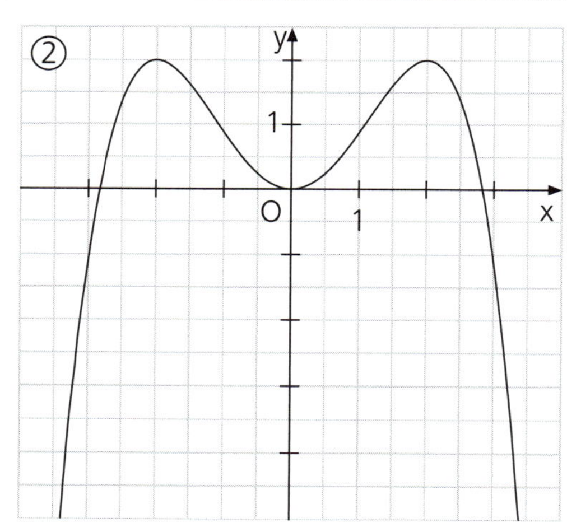

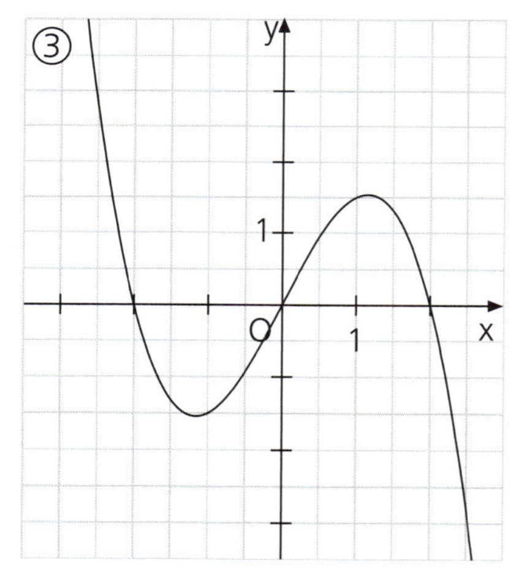

19. Vorgelegt sind die beiden Scharen von Funktionen f_a: $f_a(x) = a - \frac{x^2}{a}$ und g_a: $g_a(x) = a^3 - ax^2$; $a \in \mathbb{R}^+\backslash\{1\}$; $D_{f_a} = \mathbb{R} = D_{g_a}$. Der Graph von f_a bzw. g_a ist G_{f_a} bzw. G_{g_a}. Die Abbildung zeigt eine Scharkurve G_{f_a} und eine Scharkurve G_{g_a}. Finden Sie den zugehörigen Wert des Parameters a heraus und beschriften Sie die Abbildung.

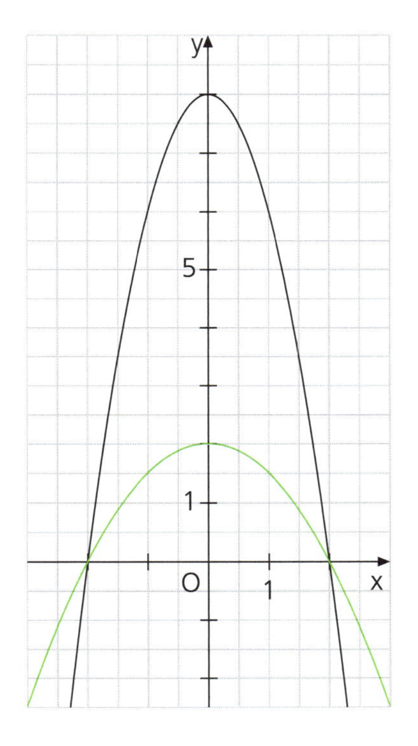

a) Zeigen Sie, dass die Scharkurven G_{f_a} und G_{g_a} einander für jeden Wert von a auf der x-Achse schneiden; bezeichnen Sie die Schnittpunkte mit S_{1a} und S_{2a} (S_{1a} liegt links von S_{2a}).
In S_{1a} und S_{2a} werden die Tangenten t_{1a} und t_{2a} an G_f gezeichnet. Ermitteln Sie den Wert / die Werte von a, für den/die diese beiden Tangenten aufeinander senkrecht stehen.

b) Die Punkte S_{1a} und S_{2a} [vgl. Teilaufgabe a)] sowie H_1 $(0 \mid f_a(0))$ und H_2 $(0 \mid g_a(0))$ sind die Eckpunkte eines Drachenvierecks mit einspringender Ecke. Geben Sie einen Term für den Flächeninhalt A(a) dieses Drachenvierecks an und finden Sie durch Überlegen denjenigen ganzzahligen Wert a* des Parameters a, für den A(a*) = 72 ist.

20. Gegeben ist die Schar von Funktionen $f_{a,b}$: $f_{a,b}(x) = ax + \frac{b}{x^2}$; $a, b \in \mathbb{R}\backslash\{0\}$ mit $a \cdot b < 0$; $G_{f_{a,b}} = \mathbb{R}\backslash\{0\}$.
Der Graph der Funktion $f_{a,b}$ ist $G_{f_{a,b}}$.

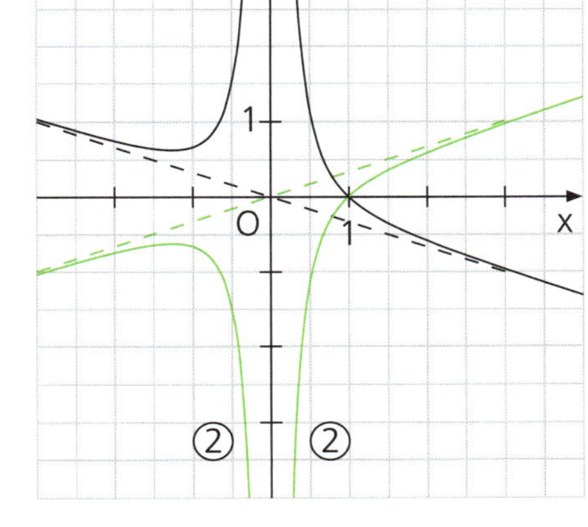

a) Ermitteln Sie die Nullstelle von $f_{a,b}$ einschließlich Vorzeichen und geben Sie die Gleichungen der Asymptoten von $G_{f_{a,b}}$ an.

b) Bestimmen Sie die Abszisse x_E des Extrempunkts E von $G_{f_{a,b}}$ und geben Sie das Vorzeichen von x_E an.

c) Der Graph $G_{f_{a,b}}$ und der Graph $G_{f_{b,a}}$ der Funktion $f_{b,a}$: $f_{b,a}(x) = bx + \frac{a}{x^2}$; $a, b \in \mathbb{R}\backslash\{0\}$ mit $a \cdot b < 0$; $D_{f_{b,a}} = \mathbb{R}\backslash\{0\}$, schneiden einander in einem Punkt S. Ermitteln Sie die Koordinaten von S.

d) Die Abbildung zeigt zwei zueinander kongruente Graphen dieser Schar. Für einen dieser beiden Graphen gilt $a = \frac{1}{3} = -b$.
Finden Sie heraus, welcher Graph dies ist, und ermitteln Sie die Funktionsgleichung des zweiten Graphen.

e) Berechnen Sie die Größe φ der spitzen Winkel, die die schrägen Asymptoten der beiden Graphen aus Teilaufgabe d) miteinander bilden.

21.

a)	Gegeben sind die Funktionen f: $f(x) = \sqrt{x}$; $D_f = \mathbb{R}_0^+$, und g: $g(x) = \frac{1}{x}$; $D_g = \mathbb{R}\setminus\{0\}$. Finden Sie heraus, in welchen Punkten mit gleicher Abszisse die Graphen G_f und G_g zueinander senkrechte Tangenten besitzen.
b)	Vorgelegt ist die Funktion f: $f(x) = 6x - x^2$; $D_f = \mathbb{R}$. Geben Sie an, für welche Werte von $x \in D_f$ die Funktion f streng monoton zunimmt.
c)	Gegeben ist die Funktion f: $f(x) = \frac{x^2 - 2}{(x+2)^2}$; $D_f = \mathbb{R}\setminus\{-2\}$; ihr Graph ist G_f. Zeigen Sie, dass die Gerade g mit der Gleichung $y = 1$ Asymptote von G_f ist, und begründen Sie, dass sich G_f der Geraden g für $x \to +\infty$ von unten nähert.
d)	Zeigen Sie, dass die Funktion F: $F(x) = -\frac{4}{x+2}$; $D_F = \mathbb{R}\setminus\{-2\}$, eine Stammfunktion der Funktion f: $f(x) = \frac{1}{(0{,}5x+1)^2}$; $D_f = \mathbb{R}\setminus\{-2\}$, ist.
e)	Ermitteln Sie die Gleichungen aller Asymptoten des Graphen der Funktion f: $f(x) = x + 1 + \frac{1}{x}$; $D_f = D_{f\,max}$.
f)	Vorgelegt ist die Funktion f: $f(x) = \frac{4x - 4}{x^2 - 2x + 2}$; $D_f = D_{f\,max}$. Es ist f^*: $f^*(x) = f(x + 1)$; $D_{f^*} = D_{f^*\,max}$. Geben Sie $f^*(x)$ sowie D_f und D_{f^*} an und zeigen Sie, dass der Graph G_{f^*} der Funktion f^* punktsymmetrisch zum Ursprung ist.
g)	Gegeben ist die Funktion f: $f(x) = 0{,}125(x^4 - 6x^2)$; $D_f = \mathbb{R}$; ihr Graph ist G_f. Zeigen Sie, dass die Tangenten an G_f in den Punkten $P_1\,(1 \mid f(1))$ und $P_2\,(-1 \mid f(-1))$ aufeinander senkrecht stehen.
h)	Untersuchen Sie, ob die Funktion f: $f(x) = \lvert x \rvert \cdot (x - 4)$; $D_f = \mathbb{R}$, an der Stelle $x = 4$ differenzierbar ist.
i)	Ermitteln Sie Lage und Art des Extrempunkts des Graphen G_f der Funktion f: $f(x) = 2x + \frac{2}{x^2}$; $D_f = \mathbb{R}\setminus\{0\}$.
j)	Vorgelegt ist die Funktion f: $f(x) = \frac{x-1}{x^2-1}$; $D_f = \mathbb{R}\setminus\{-1; 1\}$. Untersuchen Sie ihr Verhalten für $x \to 1$ und zeichnen Sie ihren Graphen G_f.
k)	Finden Sie heraus, für welchen Wert / welche Werte des Parameters a der Graph G_f der Funktion f: $f(x) = \frac{4}{x^2 - 2x + a}$; $a \in \mathbb{R}$; $D_f = D_{f\,max}$, genau eine Asymptote, genau zwei bzw. drei Asymptoten besitzt.
l)	Die Abbildung zeigt den Graphen G_f einer Funktion f: $f(x) = \frac{ax + b}{x^2 + c}$; a, b, $c \in \mathbb{R}$; $D_f = D_{f\,max}$, und die Tangente t an G_f im Ursprung O (0 I 0). Finden Sie die Werte der Parameter a, b und c heraus. 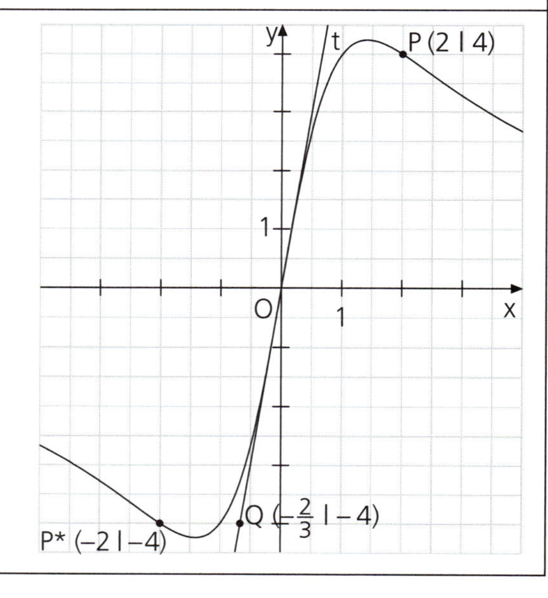

Kapitel 3

Koordinatengeometrie im Raum

1. Das rechts (nicht maßstäblich) abgebildetet gerade vierseitige Prisma P steht auf der x_1-x_2-Ebene. Fünf seiner Eckpunkte sind gegeben: O (0 | 0 | 0), A (6 | 0 | 0), C (0 | 6 | 0), E (6 | 6 | 6) sowie G (0 | 0 | 12).

a) Ergänzen Sie die Koordinaten der übrigen Eckpunkte B (| |), D (| |) und F (| |).

b) Berechnen Sie das Volumen und den Oberflächeninhalt des Prismas P.

c) Ermitteln Sie den Flächeninhalt des Vierecks BCGD.

d) Finden Sie die Größe φ des Winkels $\sphericalangle$ GBO heraus.

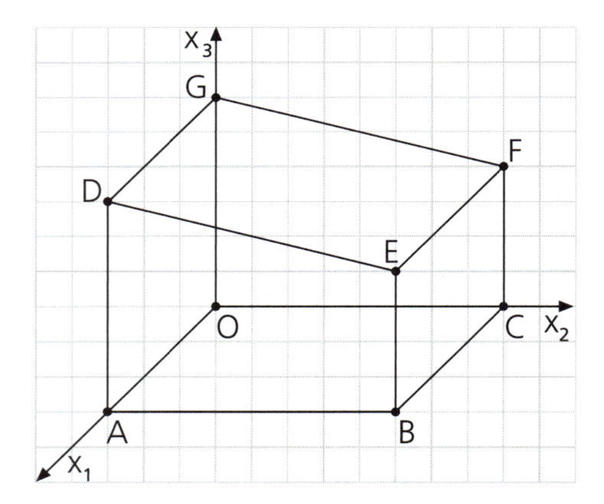

2. Das Volumen der quadratischen Pyramide OABCS ist V = 32. Finden Sie die Koordinaten aller fünf Eckpunkte heraus, wenn diese Koordinaten sämtlich ganzzahlig sind. Geben Sie alle Lösungen an.

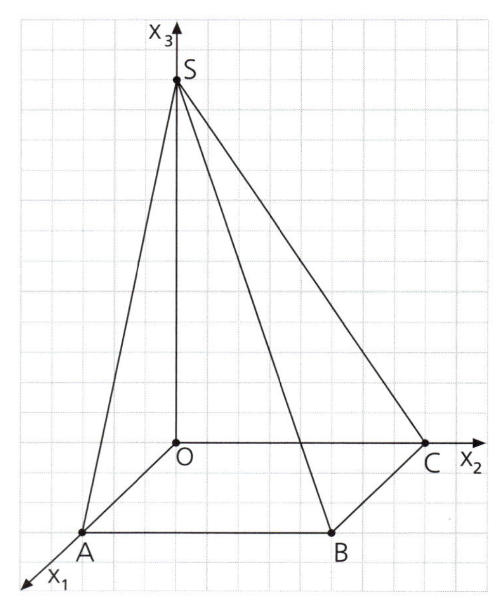

3. Die Punkte O (0 | 0 | 0), A (6 | 0 | 0), B (0 | 8 | 0), C, D und E (0 | 0 | 12) sind die Eckpunkte eines geraden dreiseitigen Prismas P.

a) Geben Sie die Koordinaten der Eckpunkte C und D an und zeichnen Sie ein Schrägbild des Prismas P in das Koordinatensystem ein.

b) Die Punkte O, A und B sowie die Punkte C, D und E liegen jeweils auf einem Kreis mit dem Mittelpunkt M bzw. N. Ermitteln Sie die Koordinaten der Punkte M und N.

c) Berechnen Sie das Volumen des geraden Kreiszylinders Z, der dem Prisma P umbeschrieben werden kann, und finden Sie heraus, welchen Bruchteil des Zylindervolumens das Prisma P einnimmt.

d) Finden Sie die Größe φ des Winkels $\sphericalangle$ EMO zeichnerisch und rechnerisch.

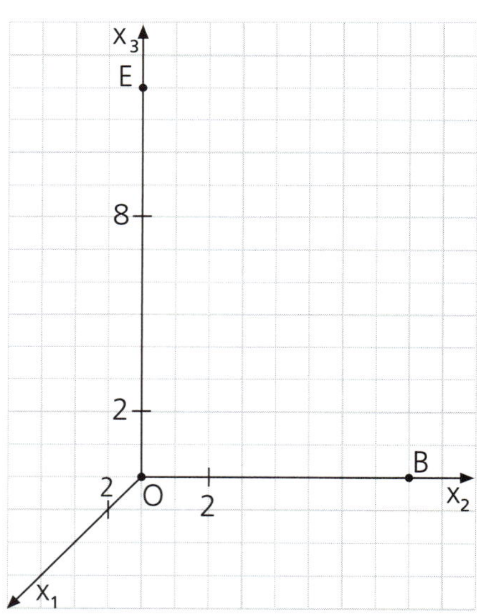

4. Die Halbkugel k (Mittelpunkt O; Radiuslänge R = 5 LE) liegt mit ihrem Boden auf der x_1-x_2-Ebene.
Geben Sie die x_3-Koordinaten der vier Punkte V (0 | 0 |), I (0 | 4 |), E (–3 | 0 |) und R (3 | 4 |), die oben auf der Halbkugel liegen, an. Der Halbkugel k soll ein möglichst hoher gerader Kreiszylinder (Radiuslänge r; Höhe h) einbeschrieben werden, dessen Volumen halb so groß wie das der Halbkugel ist.
Berechnen Sie die Zylinderhöhe mithilfe des Newtonverfahrens auf hundertstel LE genau.

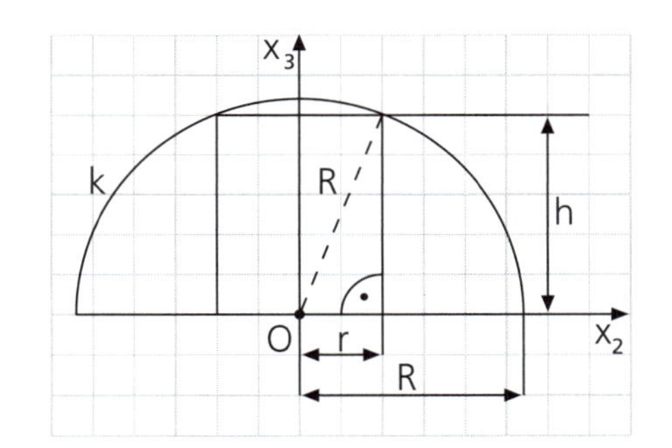

$V_{Halbkugel}$ = ______________ $V_{Zylinder}$ (h) = ______________

Startwert: $h_0 = 4$ *Hinweis*: $h_{n+1} = h_n - \frac{f(h_n)}{f'(h_n)}$; $n \in \mathbb{N}_0$

n	h_n	$f(h_n)$	$f'(h_n)$	h_{n+1}
0	4,00000			
1				
2				
3				

5. Der Holzwürfel OABCDEFG hat die Kantenlänge a = 4 cm.

a) Berechnen Sie die Größe φ des Winkels zwischen der Flächendiagonalen [AC] und der Raumdiagonalen [AF].

b) Von diesem Würfel wird die Pyramide mit den Eckpunkten A, E, G und D abgesägt. Berechnen Sie den Flächeninhalt der Schnittfläche AEG.
Finden Sie heraus, wie viel Prozent des ursprünglichen Würfelvolumens nach dem Absägen übrig bleiben.

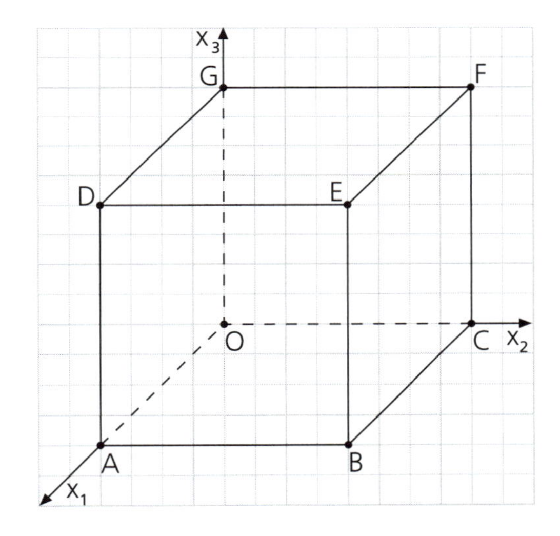

6. Die Abbildung zeigt das Netz einer geraden vierseitigen Pyramide P.

a) Konstruieren und berechnen Sie die Pyramidenhöhe H und zeichnen Sie ein Schrägbild von P.

b) Berechnen Sie das Volumen und den Oberflächeninhalt von P.

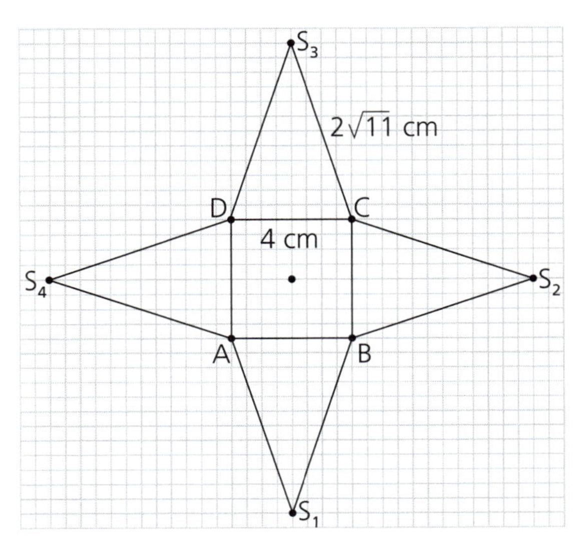

1. Geben Sie jeweils den Ortsvektor des Punkts in Spaltenschreibweise an.

a) F (3 | 3 | 5) **b)** E (1 | 0 | 0) **c)** R (0 | 3 | –1) **d)** M (–1,5 | 0 | –11) **e)** A (0 | 0 | 0) **f)** T (3 | –4 | 0)

2. Geben Sie jeweils den Gegenvektor an ($a \in \mathbb{R}_0^+$).

a) $\begin{pmatrix} 1 \\ 3 \\ -5 \end{pmatrix}$ **b)** $\begin{pmatrix} -5 \\ -5 \\ -5 \end{pmatrix}$ **c)** $\begin{pmatrix} -1 \\ a \\ -5 \end{pmatrix}$ **d)** $\begin{pmatrix} a \\ 3a \\ 5a \end{pmatrix}$ **e)** $\begin{pmatrix} \sqrt{a} \\ a \\ -a\sqrt{a} \end{pmatrix}$ **f)** $\begin{pmatrix} 1+a \\ a-1 \\ a^2 \end{pmatrix}$

3. Ermitteln Sie jeweils die Koordinaten des Vektors $\overrightarrow{AB}$ und seines Gegenvektors $\overrightarrow{BA}$ ($a \in \mathbb{R}$).

a) A (2 | 3), B (0 | 5) **b)** A (0 | 2 | 0), B (2 | 0 | 0) **c)** A (0 | 0 | 1), B (1 | 0 | 0)

d) A (1 | 1 | 1), B (2 | 2 | 2) **e)** A (–2 | 3 | 5), B (8 | –1 | 4) **f)** A (6 | –2 | –3), B (7 | –2 | 4)

g) A (a | a | –a), B (–a | –a | a) **h)** A (a + 1 | a | –2a), B (a + 1 | –a | 0)

i) A (a | 3a | – 1), B (–a | –3a | 1)

4. Zeichnen Sie in das Koordinatensystem den Quader ROSWITHA mit R (–4 | 0 | 0), O (0 | 0 | 0), S (0 | 6 | 0) und T (0 | 0 | 3) ein.

a) Geben Sie die Koordinaten der Punkte W, I, H und A sowie in Spaltenschreibweise die Vektoren $\overrightarrow{OI}$, $\overrightarrow{OW}$, $\overrightarrow{WA}$, $\overrightarrow{ST}$, $\overrightarrow{RO}$, $\overrightarrow{AS}$, $\overrightarrow{TR}$ und $\overrightarrow{IW}$ an.

b) Die Punkte I, R, O, und W sind die Eckpunkte einer Pyramide. Welchen Bruchteil des Quadervolumens nimmt diese Pyramide ein?

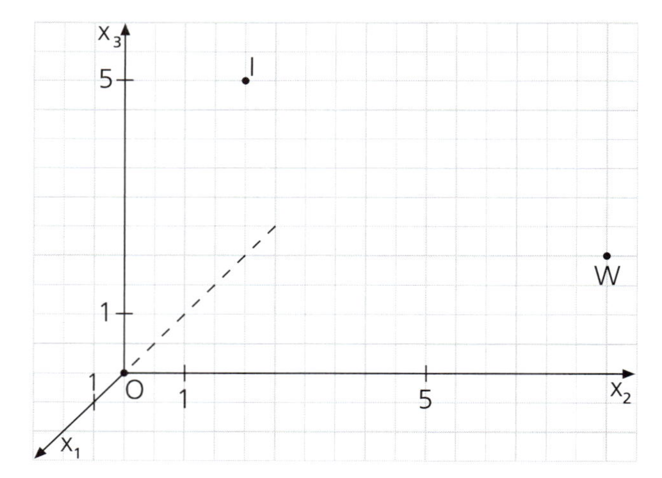

5. Jeder der sechs Punkte S (2 | 0 | 3), T (0 | 3 | –6), E (0 | 0 |5), F (–2 | 3 | 4), A (1 | –2 | 7) und N (a | b | c); a, b, c $\in \mathbb{R}$, wird

a) an der x_1-x_2-Ebene gespiegelt. **b)** an der x_2-x_3-Ebene gespiegelt.

c) an der x_3-x_1-Ebene gespiegelt. **d)** am Ursprung gespiegelt.

Ergänzen Sie die Tabelle.

Punkt	S (2 | 0 | 3)	T (0 | 3 | –6)	E (0 | 0 | 5)	F (–2 | 3 | 4)	A (1 | –2 | 7)	N (a | b | c)
gespiegelt an der x_1-x_2-Ebene						
gespiegelt an der x_2-x_3-Ebene						
gespiegelt an der x_3-x_1-Ebene						
gespiegelt am Ursprung						

6. Geben Sie jeweils den Summenvektor bzw. den Differenzvektor an.

a) $\begin{pmatrix} 1 \\ 2 \\ 4 \end{pmatrix} + \begin{pmatrix} 3 \\ 6 \\ 12 \end{pmatrix}$ **b)** $\begin{pmatrix} 2 \\ -1 \\ 5 \end{pmatrix} - \begin{pmatrix} 2 \\ 1 \\ -5 \end{pmatrix}$ **c)** $\begin{pmatrix} 3 \\ -3 \\ -4 \end{pmatrix} + \begin{pmatrix} -3 \\ -4 \\ 6 \end{pmatrix}$ **d)** $\begin{pmatrix} 2 \\ -1 \\ 5 \end{pmatrix} - \begin{pmatrix} -3 \\ 1 \\ -1 \end{pmatrix}$

7. Gegeben ist jeweils ein Punkt A und der Vektor $\overrightarrow{AB}$; finden Sie die Koordinaten des Punkts B.

a) A (–2 | 1 | 3); $\overrightarrow{AB} = \begin{pmatrix} 3 \\ -2 \\ 1 \end{pmatrix}$ **b)** A (0 | 2 | –1); $\overrightarrow{AB} = \begin{pmatrix} 2 \\ 0 \\ 3 \end{pmatrix}$ **c)** A (4 | 2 | –5); $\overrightarrow{AB} = \begin{pmatrix} 4 \\ -1 \\ 5 \end{pmatrix}$

8. Gegeben ist jeweils ein Punkt B und der Vektor $\overrightarrow{AB}$; finden Sie die Koordinaten des Punkts A.

a) B (–2 | 0 | 2); $\overrightarrow{AB} = \begin{pmatrix} 2 \\ -2 \\ 2 \end{pmatrix}$ b) B (1 | 4 | –1); $\overrightarrow{AB} = \begin{pmatrix} -4 \\ -1 \\ 0 \end{pmatrix}$ c) B (4 | 2 | –5); $\overrightarrow{AB} = \begin{pmatrix} 0 \\ -1 \\ 0 \end{pmatrix}$

9. Die Pfeile $\overrightarrow{AB}$ und $\overrightarrow{CD}$ gehören jeweils zum selben Vektor; ermitteln Sie die Koordinaten des fehlenden Punkts.

a) A (2 | 0 | 4), B (3 | –1 | –3), C (2 | 4 | –5) b) A (0 | 0 | 6), B (2 | –2 | –4), D (1 | 3 | –1)

c) A (3 | 2 | 0), C (3 | 1 | 3), D (0 | 3 | 0) d) B (2 | 1 | 0), C (2 | 0 | 0), D (–1 | 6 | –2)

10. Der Punkt M ist jeweils der Mittelpunkt der Strecke [AB]; ermitteln Sie die Koordinaten des fehlenden Punkts.

a) A (2 | –1 | 4), B (4 | –3 | 0) b) A (2 | 4 | 2), B (5 | –2 | 1)

c) A (–3 | 5 | 0), M (–1 | 2,5 | –1,5) d) B (–4 | 1 | 3), M (–1 | –2 | 4,5)

11. Finden Sie jeweils heraus, für welche Werte von $x, x_1, x_2, x_3 \in \mathbb{R}$ die Gleichung erfüllt ist.

a) $\begin{pmatrix} x_1 \\ x_2 \\ x_3 \end{pmatrix} + \begin{pmatrix} 2 \\ 3 \\ -1 \end{pmatrix} = \begin{pmatrix} 0 \\ 0 \\ 0 \end{pmatrix}$ b) $\begin{pmatrix} x_1 \\ x_2 \\ x_3 \end{pmatrix} + \begin{pmatrix} 2 \\ -4 \\ -2 \end{pmatrix} = \begin{pmatrix} 1 \\ 2 \\ -3 \end{pmatrix}$ c) $\begin{pmatrix} x_1 \\ x_2 \\ x_3 \end{pmatrix} + \begin{pmatrix} x_1 \\ -4 \\ -2 \end{pmatrix} = \begin{pmatrix} 4 \\ 1 \\ -2 \end{pmatrix}$

d) $x \cdot \begin{pmatrix} 1 \\ 2 \\ 4 \end{pmatrix} = \begin{pmatrix} 3 \\ 6 \\ 12 \end{pmatrix}$ e) $x \cdot \begin{pmatrix} 1 \\ 2 \\ 4 \end{pmatrix} + 2x \cdot \begin{pmatrix} 1 \\ 2 \\ 4 \end{pmatrix} = \begin{pmatrix} -3 \\ -6 \\ -12 \end{pmatrix}$ f) $2x \cdot \begin{pmatrix} 1 \\ 2 \\ 4 \end{pmatrix} + \begin{pmatrix} 0 \\ 6 \\ 18 \end{pmatrix} = x \cdot \begin{pmatrix} 2 \\ 1 \\ -1 \end{pmatrix}$

12. Gegeben sind jeweils die Punkte A, B und A_1. Durch den Vektor $\overrightarrow{AA_1}$ wird die Strecke [AB] parallel verschoben. Ermitteln Sie die Koordinaten des neuen Streckenendpunkts B_1 rechnerisch und zeichnerisch.

a) A (2 | 4), B (0 | 5), A_1 (6 | 6) b) A (–3 | 1), B (3 | 7), A_1 (0 | 0)

c) A (0 | 3 | 1), B (–2 | 5 | 6), A_1 (–1 | 3 | 4) d) A (4 | 0 | –4), B (1 | 1 | 1), A_1 (–2 | –2 | –2)

13. a) Die Gerade g mit der Gleichung $y = 2x - 6$ wird durch den Vektor $\vec{v} = \begin{pmatrix} 1 \\ 4 \end{pmatrix}$ parallel verschoben. Geben Sie eine Gleichung der Bildgeraden g* an.

b) Die Parabel P mit der Gleichung $y = x^2 + 4$ wird parallel zu den Koordinatenachsen verschoben, sodass dann der Punkt S* (–2 | 1) der Scheitel der neuen Parabel P* ist. Geben Sie eine Gleichung von P* an. Zeichnen Sie P und P*.

14. Die Abbildung zeigt ein Schrägbild des Quaders ABCDEFGH mit A (4 | 0 | 0), C (0 | 6 | 0) und H (0 | 0 | 8).

a) Geben Sie die Koordinaten der übrigen Eckpunkte B, D, E, F und G an.

b) Die Punkte B, E, C und T sollen die Eckpunkte eines ebenen Vierecks sein. Wie viele Möglichkeiten gibt es für die Lage des Punkts T, wenn dieses Viereck ein Parallelogramm sein soll? Ermitteln Sie jeweils die Koordinaten von T.

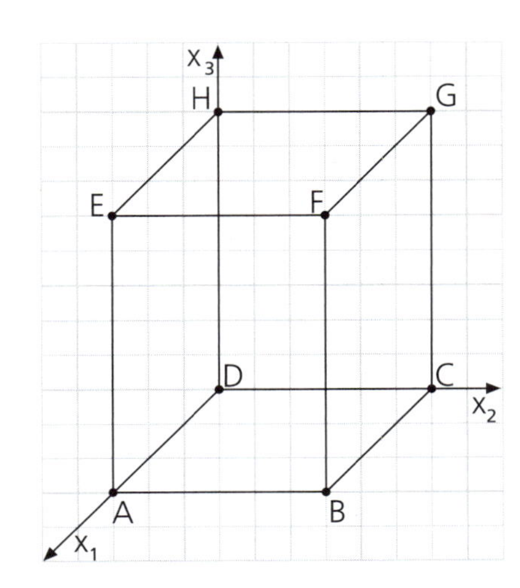

Länge eines Vektors –Gleichung einer Kugel

1. Berechnen Sie jeweils die Länge des Vektors. Ordnen Sie dann die Längen in Form einer fallenden Ungleichungskette. Geben Sie jeweils die zugehörigen Einheitsvektoren an.

	a)	b)	c)	d)	e)	f)	g)
Vektor	$\begin{pmatrix} 2 \\ -1 \\ 2 \end{pmatrix}$	$\begin{pmatrix} 0 \\ -3 \\ 4 \end{pmatrix}$	$\begin{pmatrix} -2 \\ -6 \\ -3 \end{pmatrix}$	$\begin{pmatrix} 1 \\ -1 \\ 1 \end{pmatrix}$	$\begin{pmatrix} -2 \\ -3 \\ 4 \end{pmatrix}$	$\begin{pmatrix} -2 \\ 5 \\ 3 \end{pmatrix}$	$\begin{pmatrix} 0 \\ -1 \\ 3 \end{pmatrix}$
Länge des Vektors	3						
Einheitsvektoren	$\begin{pmatrix} \pm\frac{2}{3} \\ \pm\frac{1}{3} \\ \pm\frac{2}{3} \end{pmatrix}$						

Fallende Ungleichungskette: ______________________________

2. Welche der acht Vektoren $\vec{v_1} = \begin{pmatrix} 2 \\ -5 \\ 14 \end{pmatrix}$, $\vec{v_2} = \begin{pmatrix} -2 \\ -2 \\ 1 \end{pmatrix}$, $\vec{v_3} = \begin{pmatrix} -4 \\ -4 \\ 7 \end{pmatrix}$, $\vec{v_4} = \begin{pmatrix} 2 \\ 2 \\ -1 \end{pmatrix}$, $\vec{v_5} = \begin{pmatrix} 0 \\ -9 \\ 0 \end{pmatrix}$, $\vec{v_6} = \begin{pmatrix} -1 \\ -4 \\ 8 \end{pmatrix}$, $\vec{v_7} = \begin{pmatrix} 0 \\ -4 \\ 0 \end{pmatrix}$ und $\vec{v_8} = \begin{pmatrix} -3 \\ 0 \\ 4 \end{pmatrix}$ besitzen Beträge, die die Seitenlängen eines

a) rechtwinkligen **b)** gleichseitigen

c) gleichschenkligen, aber nicht gleichseitigen Dreiecks sein können?

Begründen Sie, dass z. B. aus drei Strecken mit den Längen $|\vec{v_1}|$, $|\vec{v_2}|$ und $|\vec{v_7}|$ kein Dreieck gebildet werden kann.

3. Die Koordinaten des Vektors $|\vec{a}| = \begin{pmatrix} a_1 \\ a_2 \\ a_3 \end{pmatrix}$ werden mit einem Laplace-Spielwürfel „erwürfelt".

Mit welcher Wahrscheinlichkeit ist der Betrag a des „erwürfelten" Vektors

a) gleich 1? **b)** größer als 10? **c)** größer als 11? **d)** größer als 1, aber höchstens 2?

e) kleiner als 8, wenn $a_1 = 6$ und $a_2 = 2$ ist?

Mit welcher Wahrscheinlichkeit hat der „erwürfelte" Vektor lauter gleiche Koordinaten?

4. Gegeben ist der Vektor

a) $\vec{v} = \begin{pmatrix} 1 \\ -2 \\ 2 \end{pmatrix}$ **b)** $\vec{v} = \begin{pmatrix} 6 \\ -3 \\ 2 \end{pmatrix}$ **c)** $\vec{v} = \begin{pmatrix} -1 \\ 1 \\ 1 \end{pmatrix}$ **d)** $\vec{v} = \begin{pmatrix} -10 \\ 5 \\ 10 \end{pmatrix}$

Ermitteln Sie jeweils eine Spaltendarstellung des Einheitsvektors $\vec{e}$, der zum Vektor $\vec{v}$

(1) parallel ist und die gleiche Orientierung wie $\vec{v}$ besitzt.

(2) parallel ist und die entgegengesetzte Orientierung wie $\vec{v}$ besitzt.

5. Gegeben ist jeweils ein Vektor $\vec{v}$. Ermitteln Sie eine Spaltendarstellung des Vektors $\vec{w}$, der dieselbe Richtung und Orientierung wie $\vec{v}$ und die angegebene Länge d besitzt (vgl. 4.).

a) $\vec{v} = \begin{pmatrix} 1 \\ -2 \\ 2 \end{pmatrix}$; d = 6 **b)** $\vec{v} = \begin{pmatrix} 6 \\ -3 \\ 2 \end{pmatrix}$; d = 21 **c)** $\vec{v} = \begin{pmatrix} -1 \\ 1 \\ 1 \end{pmatrix}$; d = 3 **d)** $\vec{v} = \begin{pmatrix} -10 \\ 5 \\ 10 \end{pmatrix}$; d = 12

6. **a)** Zeigen Sie, dass das Dreieck ABC mit A (0 | 0 | 5), B ($1{,}5\sqrt{2}$ | $1{,}5\sqrt{2}$ | 1) und C (0 | 0 | –3) gleichschenklig ist, und berechnen Sie seinen Flächeninhalt.

b) Begründen Sie, dass die Punkte A (10 | 0 | 0), B (0 | 6 | –8), C (0 | 8 | 6) und D (10 | 14 | –2) die Eckpunkte eines regulären Tetraeders sind, und berechnen Sie dessen Oberflächeninhalt.

7. Begründen Sie, dass das Viereck VIER

a) mit V (–5 | –1 | 2), I (7 |–13 | –4), E (13 | –9 | 0) und R (1 | 3 | 6) ein Rechteck, aber kein Quadrat ist, und berechnen Sie den Flächeninhalt seines Umkreises.

b) mit V (3 | –3 | 3), I (5 | 1 | –1), E (1 | 5 | 1) und R (–1 | 1 | 5) ein Quadrat ist, und berechnen Sie den Flächeninhalt seines Inkreises.

c) mit V (–2 | 8 | 0), I (0 | 0 | –2), E (1 | 2 | 0) und R (0 | 6 | 1) ein gleichschenkliges Trapez, aber kein Rechteck ist, und berechnen Sie die Längen seiner Diagonalen.

d) mit V (7 | 8 | 17), I (–8 | –4 | 1); E (7 | –16 | –15) und R (22 | –4 | –1) eine Raute, aber kein Quadrat ist, und berechnen Sie deren Umfangslänge.

e) mit V (–10 | 5 | –10), I (0 | 0 | 0), E (6 | 17 | 10) und R (–8 | 19 | –5) ein Drachenviereck ist, und berechnen Sie seinen Flächeninhalt.

f) mit V (–5 | 0 | 2), I (3 | 2 | 5), E (7 | 4 | –2) und R (–1 | 2 | –5) ein Parallelogramm ist, und ermitteln Sie die Koordinaten seines Diagonalenschnittpunkts.

8. Der Punkt U bildet mit den Punkten R (–6 | –6 | 0), A (–4 | 5 | 10) und T (8 | –1 | –2) die Raute RAUT. Ermitteln Sie seine Koordinaten und berechnen Sie den Flächeninhalt A_{RAUT}.

9. Die Punkte A (6 | 0 | 0), B, C (0 | 6 | 0), D (0 | 0 | 0), E, F, G und H (0 | 0 | 6) sind die Eckpunkte des Würfels ABCDEFGH.

a) Die Mittelpunkte M_1, M_2 ... der Würfelkanten [AB], [BC], [CG], [GH], [HE] und [EA] sind die Eckpunkte eines regulären Sechsecks; ermitteln Sie dessen Flächeninhalt.

b) Die Mittelpunkte der Flächen des Würfels ABCDEFGH sind die Eckpunkte eines regulären Oktaeders. Begründen Sie anhand einer Skizze, dass dies Oktaeder die Kantenlänge $s = 3\sqrt{2}$ hat, und berechnen Sie sein Volumen.

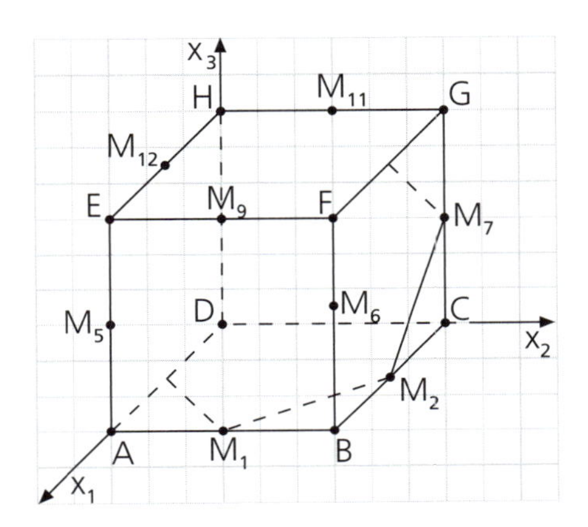

10. Zeigen Sie, dass die Punkte A (3 | 8 | 0), B (10 | –1 | 0), C (19 | 6 | 0), D (12 | 15 | 0) und S (11 | 7 | 6) die Eckpunkte einer quadratischen Pyramide P mit der Spitze S und lauter gleich langen Seitenkanten sind, und berechnen Sie das Volumen von P.

11. Gegeben sind die Punkte A (–1 | 1 | 1), B (7 |7 | 3) und C (3 | 5 | –1)

a) Zeigen Sie, dass A, B und C die Eckpunkte eines gleichschenkligen Dreiecks mit der Basis [AB] sind.

b) Ermitteln Sie die Koordinaten des Punkts D, der auf [BC] liegt und von B viermal so weit entfernt ist wie von C.

12. a) Zeigen Sie, dass die Punkte A (5 | 5 | –3), B (3 | 4 | –1) und C (5 | 2 | 0) die Eckpunkte eines gleichschenklig-rechtwinkligen Dreiecks mit der Hypotenuse [CA] sind.

b) Der Kreis K ist der Umkreis des Dreiecks ABC. Berechnen Sie den Flächeninhalt von K.

c) Der Punkt D ist der vierte Eckpunkt des Quadrats ABCD. Ermitteln Sie die Koordinaten von D. Welchen Bruchteil des Flächeninhalts des Kreises K aus Teilaufgabe b) nimmt das Quadrat ABCD ein?

13. Die Punkte A (0 | 0 | 0), B (4 | 5 | 0), C (0 | 6 | 0) und D (2 | 4 | 8) sind die Eckpunkte eines (nicht ebenen) Vierecks ABCD. Zeigen Sie zunächst, dass die Mittelpunkte seiner Seiten [AB], [BC], [CD] und [DA] die Eckpunkte eines Parallelogramms sind, und weisen Sie dann nach, dass die Summe der Flächeninhalte der Quadrate über den vier Parallelogrammseiten ebenso groß ist wie die Summe der Quadrate über den beiden Diagonalen des Parallelogramms.

14. Gegeben ist die Pyramide ABCDS mit den Eckpunkten A (0 | 0 | 0), B (8 | 0 | 0), C (8 | 8 | 0), D (0 | 8 | 0) und S (4 | 4 | 8).

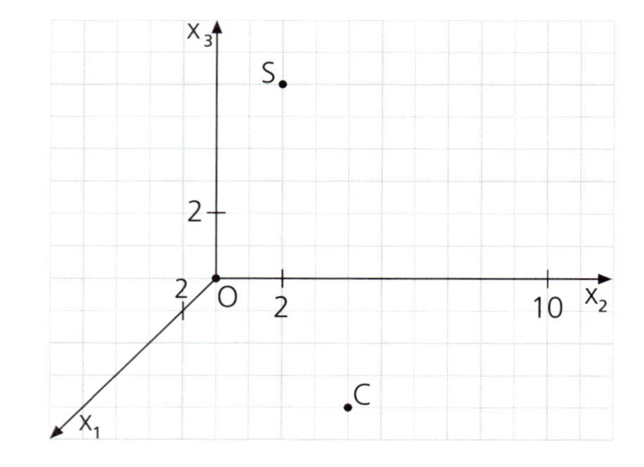

a) Zeichnen Sie ein Schrägbild der Pyramide in das Koordinatensystem ein.

b) Der Punkt F (2 | 6 | 4) liegt auf der Pyramidenkante [DS]. Ermitteln Sie den Wert des Parameters p, wenn $\overrightarrow{DF} = p \cdot \overrightarrow{DS}$ ist.
Der Punkt G (2 | 2 | 4) liegt auf der Pyramidenkante [AS]. Ermitteln Sie den Wert des Parameters q, wenn $\overrightarrow{AG} = q \cdot \overrightarrow{AS}$ ist.
Begründen Sie, dass das Viereck ADFG ein gleichschenkliges Trapez ist.

15. Geben Sie jeweils eine Gleichung der Kugel K an.

a) K hat den Mittelpunkt M (2 | –3 | 0) und die Radiuslänge r = 5.

b) K hat den Mittelpunkt M (1 | –1 | 1); der Ursprung O (0 | 0 | 0) liegt auf K.

c) K hat den Mittelpunkt M (–1 | 0 | 1); der Punkt A (1 | 2 | –3) liegt auf K.

d) K hat den Mittelpunkt M (2 | 3 | 4) und berührt die x_1-x_2-Ebene.

e) K hat den Mittelpunkt M (2 | 3 | 4) und berührt die x_2-x_3-Ebene.

f) K hat den Mittelpunkt M (2 | 3 | 4) und berührt die x_3-x_1-Ebene.

16. Ermitteln Sie jeweils zunächst die Koordinaten der Mittelpunkte sowie die Radiuslängen der beiden Kugeln und untersuchen Sie dann die Lage der beiden Kugeln zueinander.

a) K_1: $x_1^2 + x_2^2 + x_3^2 + 12x_1 + 4x_2 - 6x_3 = 0$ und K_2: $x_1^2 + x_2^2 + x_3^2 + 4x_1 - 10x_2 - 12x_3 = 35$

b) K_2: $x_1^2 + x_2^2 + x_3^2 + 4x_1 - 10x_2 - 12x_3 = 35$ und K_3: $(x_1 + 4)^2 + (x_2 - 4)^2 + (x_3 - 3)^2 = 1$

c) K_4: $(x_1 - 2)^2 + x_2^2 + (x_3 - 4)^2 = 4$ und K_5: $(x_1 - 13)^2 + x_2^2 + (x_3 - 4)^2 = 81$

d) K_6: $|\vec{X}|^2 = 4$ und K_7: $\left[\vec{X} - \begin{pmatrix} 2 \\ 2 \\ 1 \end{pmatrix}\right]^2 = 25$ e) K_8: $\left[\vec{X} - \begin{pmatrix} 5 \\ 0 \\ 7 \end{pmatrix}\right]^2 = 16$ und K_9: $\left[\vec{X} - \begin{pmatrix} 2 \\ 4 \\ 7 \end{pmatrix}\right]^2 = 9$

17. Es gibt acht Kugeln mit Radiuslänge 4, die gleichzeitig die x_1-x_2-Ebene, die x_2-x_3-Ebene und die x_3-x_1-Ebene berühren. Geben Sie für jede dieser acht Kugeln eine Gleichung an.
Finden Sie die Radiuslänge r der kleinsten Kugel k und die Radiuslänge R der größten Kugel K, die alle diese acht Kugeln berührt, heraus.

18. Untersuchen Sie bei jeder der 20 Aussagen, ob sie wahr ist; stellen Sie falsche Aussagen richtig. Die zutreffenden Buchstaben der letzten beiden Spalten ergeben von oben nach unten gelesen die Lösung.

	Aussage	wahr	falsch
a)	Der Punkt A (0 I 3 I –6) liegt im Inneren der Kugel mit der Gleichung $x_1^2 + x_2^2 + x_3^2 = 81$.	**M**	**N**
b)	Der Punkt B (5 I 3 I –6) liegt außerhalb der Kugel mit der Gleichung $x_1^2 + x_2^2 + x_3^2 = 81$.	**A**	**I**
c)	Die Kugeloberflächen mit den Gleichungen $x_1^2 + x_2^2 + x_3^2 = 81$ bzw. $(x_1 - 12)^2 + (x_2 + 12)^2 + (x_3 - 6)^2 = 81$ berühren einander.	**T**	**S**
d)	Die Kugeloberflächen K_1 [Mittelpunkt M_1 (0 I 0 I 0); $r_1 = 3$] und K_2 [Mittelpunkt M_2 (2 I –3 I 6); $r_2 = 10$] berühren einander.	**T**	**U**
e)	Die Kugeloberfläche, auf der alle acht Ecken eines Würfels der Kantenlänge a liegen, hat die Radiuslänge $\frac{a}{2}\sqrt{3}$.	**R**	**S**
f)	Der Oberflächeninhalt jeder Kugel mit Durchmesserlänge 10 cm beträgt 25π cm².	**T**	**A**
g)	Der Würfel ABCDEFGH besitzt die Kantenlänge a. Die kleinste Kugel, die die Geraden AB und HE berührt, hat die Radiuslänge a.	**B**	**I**
h)	Jede Kugel mit der Gleichung $(x_1 + r)^2 + (x_2 - r)^2 + (x_3 - r)^2 = r^2$ berührt die x_1-x_2-, die x_2-x_3- und die x_3-x_1-Ebene.	**N**	**F**
i)	Es gibt 2 520 verschiedene Möglichkeiten, die sieben Buchstaben W, U, E, R, F, E und L in einer Reihe nebeneinander anzuordnen.	**I**	**U**
j)	Jede Kugel besitzt unendlich viele Symmetrieebenen.	**N**	**L**
k)	Der Ursprung O (0 I 0 I 0) liegt auf der Kugel mit der Gleichung $x_1^2 + x_2^2 + x_3^2 + 4x_1 - 3x_2 + 6x_3 = 0$.	**G**	**O**
l)	Die Kugeln K_1 [Mittelpunkt M_1 (0 I 0 I 0); $r_1 = 5$] und K_2 [Mittelpunkt M_2 (1 I 2 I –3); $r_2 = 4$] schneiden einander.	**Z**	**G**
m)	Die Gleichung $x_1^2 + x_2^2 + x_3^2 = 36$ stellt eine Kugel mit Mittelpunkt M (0 I 0 I 0) und Radiuslänge 6 dar.	**U**	**E**
n)	Die Gleichung $x_1^2 + x_2^2 + x_3^2 - 2x_1 - 4x_2 + 6x_3 + 10 = 0$ stellt eine Kugel mit Mittelpunkt M (1 I 2 I –3) und Radiuslänge 1 dar.	**N**	**M**
o)	Jede Kugel, die zwei zueinander parallele Geraden (Abstand: 6 cm) berührt, hat eine Radiuslänge von mindestens 3 cm.	**E**	**T**
p)	Jede Kugel mit dem Oberflächeninhalt $A = 324\pi$ cm² hat das Volumen $V = 972\pi$ cm³.	**R**	**M**
q)	Jede Kugel mit dem Volumen $V = 36\pi$ cm³ hat den Oberflächeninhalt 36π cm².	**F**	**K**
r)	Die Kugel mit der Gleichung $(x_1 + 3)^2 + (x_2 - 4)^2 + (x_3 + 5)^2 = 9$ berührt die x_2-x_3-Ebene im Punkt B (0 I 4 I –5).	**O**	**D**
s)	Die Kugel mit der Gleichung $(x_1 + 3)^2 + (x_2 - 6)^2 + (x_3 - 5)^2 = 16$ schneidet die x_1-x_3-Ebene.	**A**	**L**
t)	Die Punkte A ($\sqrt{2}$ I 0 I 0), B (0 I $\sqrt{2}$ I 0), C ($-\sqrt{2}$ I 0 I 0), D (0 I $-\sqrt{2}$ I 0), E (0 I 0 I $\sqrt{2}$) und F (0 I 0 I $-\sqrt{2}$) liegen auf einer Kugel mit Mittelpunkt M (0 I 0 I 0) und Radiuslänge 2.	**R**	**G**

Lösung: ______________________________

1. Berechnen Sie jeweils den Wert des Skalarprodukts.

a) $\begin{pmatrix}2\\1\\2\end{pmatrix} \circ \begin{pmatrix}3\\0\\3\end{pmatrix}$ b) $\begin{pmatrix}-2\\1\\2\end{pmatrix} \circ \begin{pmatrix}3\\0\\0\end{pmatrix}$ c) $\begin{pmatrix}12\\5\\6\end{pmatrix} \circ \begin{pmatrix}1\\-1\\-1\end{pmatrix}$ d) $\begin{pmatrix}3\\4\\0\end{pmatrix} \circ \begin{pmatrix}0\\5\\3\end{pmatrix}$ e) $\begin{pmatrix}1\\-1\\1\end{pmatrix} \circ \begin{pmatrix}3\\3\\6\end{pmatrix}$

2. Berechnen Sie jeweils die Größe α des Winkels zwischen den Vektoren $\vec{a}$ und $\vec{b}$ auf Grad gerundet.

a) $\vec{a} = \begin{pmatrix}4\\1\\-1\end{pmatrix}; \vec{b} = \begin{pmatrix}-3\\0\\-1\end{pmatrix}$ b) $\vec{a} = \begin{pmatrix}-2\\1\\-2\end{pmatrix}; \vec{b} = \begin{pmatrix}1\\2\\0\end{pmatrix}$ c) $\vec{a} = \begin{pmatrix}6\\1\\-2\end{pmatrix}; \vec{b} = \begin{pmatrix}-1\\2\\-3\end{pmatrix}$ d) $\vec{a} = \begin{pmatrix}-5\\1\\2\end{pmatrix}; \vec{b} = \begin{pmatrix}1\\0\\3\end{pmatrix}$

3. Bestimmen Sie jeweils den Wert des Parameters $p \in \mathbb{R}$ so, dass die beiden Vektoren $\vec{a}$ und $\vec{b}$ miteinander einen 90°-Winkel einschließen.

a) $\vec{a} = \begin{pmatrix}-2\\-1\\1\end{pmatrix}; \vec{b} = \begin{pmatrix}p\\2\\3\end{pmatrix}$ b) $\vec{a} = \begin{pmatrix}2\\-4\\8\end{pmatrix}; \vec{b} = \begin{pmatrix}-4\\p\\-2\end{pmatrix}$ c) $\vec{a} = \begin{pmatrix}-3\\-8\\-2\end{pmatrix}; \vec{b} = \begin{pmatrix}-1\\2\\p\end{pmatrix}$

4. Ermitteln Sie jeweils die fehlenden Koordinaten des Vektors $\vec{c}$ so, dass $\vec{c}$ sowohl auf $\vec{a}$ wie auch auf $\vec{b}$ senkrecht steht.

a) $\vec{a} = \begin{pmatrix}-2\\2\\3\end{pmatrix}; \vec{b} = \begin{pmatrix}3\\-2\\0\end{pmatrix}; \vec{c} = \begin{pmatrix}-6\\c_2\\c_3\end{pmatrix}$ b) $\vec{a} = \begin{pmatrix}1\\-1\\2\end{pmatrix}; \vec{b} = \begin{pmatrix}3\\1\\1\end{pmatrix}; \vec{c} = \begin{pmatrix}c_1\\c_2\\4\end{pmatrix}$

c) $\vec{a} = \begin{pmatrix}-4\\6\\-2\end{pmatrix}; \vec{b} = \begin{pmatrix}8\\0\\-4\end{pmatrix}; \vec{c} = \begin{pmatrix}c_1\\-32\\c_3\end{pmatrix}$ d) $\vec{a} = \begin{pmatrix}-10\\0\\5\end{pmatrix}; \vec{b} = \begin{pmatrix}-6\\3\\1\end{pmatrix}; \vec{c} = \begin{pmatrix}-15\\c_2\\c_3\end{pmatrix}$

5. Es ist $\vec{a} = \begin{pmatrix}1\\1\\\sqrt{2}\end{pmatrix}; \vec{b} = \begin{pmatrix}\sqrt{2}\\0\\\sqrt{2}\end{pmatrix}$ und $\vec{c} = \begin{pmatrix}0\\1\\1\end{pmatrix}$.

a) Ermitteln Sie für jeden dieser drei Vektoren die Größen der drei Winkel, die er mit den Einheitsvektoren $\vec{e_1} = \begin{pmatrix}1\\0\\0\end{pmatrix}$, $\vec{e_2} = \begin{pmatrix}0\\1\\0\end{pmatrix}$ bzw. $\vec{e_3} = \begin{pmatrix}0\\0\\1\end{pmatrix}$ bildet.

b) Berechnen Sie (1) $\vec{a} \circ \vec{b}$. (2) $(\vec{a} \circ \vec{b}) \cdot \vec{c}$. (3) $(\vec{a} + \vec{b}) \circ (\vec{a} - \vec{c})$. (4) $(\vec{a} \circ \vec{b}) \cdot (\vec{a} - \vec{b})$.

6. Die Vektoren $\vec{a}$ und $\vec{b}$ besitzen den gleichen Anfangspunkt S. Der Vektor $\vec{b}$ wird senkrecht auf den Vektor $\vec{a}$ projiziert. Berechnen Sie jeweils den Bildvektor $\vec{v}$.

a) $\vec{a} = \begin{pmatrix}2{,}5\\0{,}5\\-0{,}5\end{pmatrix}; \vec{b} = \begin{pmatrix}2\\-2\\2\end{pmatrix}$ b) $\vec{a} = \begin{pmatrix}-2\\-1\\2\end{pmatrix}; \vec{b} = \begin{pmatrix}-5\\3\\4\end{pmatrix}$

7. Die Vektoren $\vec{a}$ und $\vec{b}$ besitzen den gleichen Anfangspunkt S. Der Vektor $\vec{a}$ wird senkrecht auf den Vektor $\vec{b}$ projiziert. Berechnen Sie jeweils den Bildvektor $\vec{v}$.

a) $\vec{a} = \begin{pmatrix}2{,}5\\0{,}5\\-0{,}5\end{pmatrix}; \vec{b} = \begin{pmatrix}2\\-2\\2\end{pmatrix}$ b) $\vec{a} = \begin{pmatrix}-2\\-1\\2\end{pmatrix}; \vec{b} = \begin{pmatrix}-5\\3\\4\end{pmatrix}$

8. Begründen Sie den Kathetensatz mithilfe des Skalarprodukts.

9. Begründen Sie den Satz von Thales mithilfe des Skalarprodukts.

10. Berechnen Sie jeweils die Größe der drei Innenwinkel des Dreiecks ABC.

a) A (2 | –1 | 0), B (6 | 3 | –2) und C (4 | 1 | 8) b) A (6 | 4 | 5), B (4 | 4 | 3) und C (3 | 4 | 4)

c) A (–6 | 3 | 1), B (–3 | 0 | 4) und C (–7 | –2 | 0) d) A (–2 | 8 | 0), B (0 | 0 | –2) und C (1 | 2 | 0)

11. Die Abbildung zeigt ein Schrägbild des Quaders ABCDEFGH; die Raumdiagonalen [EC] und [FD] schneiden einander im Punkt M senkrecht. Finden Sie heraus, wie hoch der Quder ist, und geben Sie die Koordinaten von M an.
Ermitteln Sie eine Gleichung der Kugel K mit Mittelpunkt M und Radiuslänge $\overline{MA}$.

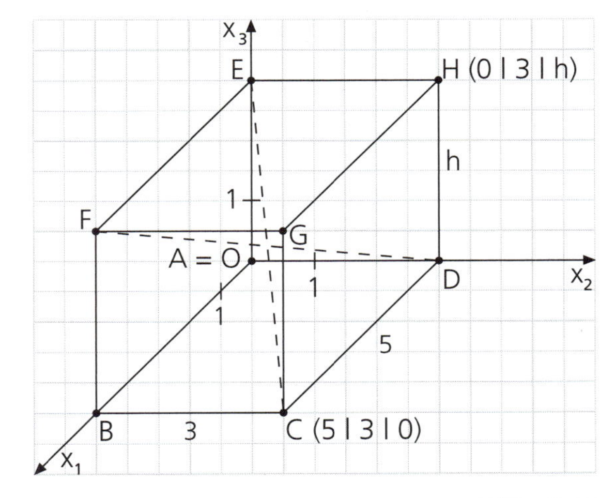

12. Die Grundfläche des abgebildeten Quaders ABCDEFGH ist ein Quadrat. Zeigen Sie, dass die Flächendiagonale [AC] senkrecht zur Raumdiagonalen [DF] verläuft.

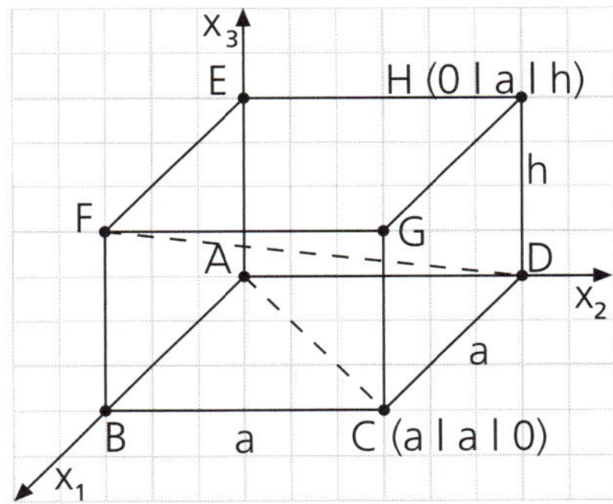

13. In einem kartesischen Koordinatensystem sind die Punkte A (5 | 3 | −4), B (6 | −1 | 4) und D (−2 | 7 | 0) gegeben.

a) Zeigen Sie, dass das Dreieck ABD gleichschenklig, aber nicht gleichseitig ist, und berechnen Sie die Größen seiner Innenwinkel auf Grad gerundet.

b) Bestimmen Sie die Koordinaten des Punkts C so, dass das Viereck ABCD eine Raute ist, und ermitteln Sie die Koordinaten des Diagonalenschnittpunkts M dieser Raute.
Berechnen Sie zunächst den Flächeninhalt und dann die Höhe der Raute. Geben Sie die Radiuslänge ρ des Inkreises der Raute an. Welchen Bruchteil der Rautenfläche nimmt die Inkreisfläche ein?

14. In einem kartesischen Koordinatensystem sind die Punkte A (11 | 2 | 7), B (11 | 10 | 1), C (6 | 6 | 4) und S (6 | 9 | 8) gegeben.

a) Berechnen Sie die Umfangslänge des Dreiecks ABC, die Größe α des Innenwinkels $\sphericalangle$ BAC und den Flächeninhalt des Dreiecks ABC.

b) Zeigen Sie zunächst, dass $\overrightarrow{CS}$ sowohl auf $\overrightarrow{CA}$ wie auch auf $\overrightarrow{CB}$ senkrecht steht, und ermitteln Sie dann das Volumen der Pyramide ABCS.

c) Berechnen Sie die Größe φ des Winkels $\sphericalangle$ CAS.

d) Ermitteln Sie die Koordinaten der Puntke P und Q so, dass C der Mittelpunkt der Strecke [AP] und auch der Mittelpunkt der Strecke [BQ] ist.
Geben Sie die Art des Vierecks ABPQ und mindestens drei Eigenschaften dieses Vierecks an.

e) Auf die Pyramide ABCS fallen Lichstrahlen parallel zur x_2-Achse; dadurch ensteht auf der x_1-x_3-Ebene ein viereckiger Schatten. Geben Sie die Koordinaten der Eckpunkte des Schattenvierecks A*B*C*S* an und begründen Sie, dass es ein Trapez ist.

1. Berechnen Sie jeweils für $\vec{a} = \begin{pmatrix} -2 \\ -2 \\ 3 \end{pmatrix}$, $\vec{b} = \begin{pmatrix} 3 \\ 8 \\ 3 \end{pmatrix}$ und $\vec{c} = \begin{pmatrix} 1 \\ -2 \\ -6 \end{pmatrix}$ den gesuchten Wert / Vektor.

a) $\vec{a} \times \vec{b}$ b) $\vec{b} \times \vec{c}$ c) $(\vec{a} \times \vec{b}) \times \vec{c}$ d) $(\vec{a} \times \vec{b}) \circ \vec{c}$ e) $(\vec{a} \times \vec{b}) \times \vec{b}$
f) $\vec{b} \times (\vec{a} \times \vec{b})$ g) $\vec{c} \circ (\vec{b} \times \vec{c})$ h) $(\vec{a} + \vec{b}) \times (\vec{a} - \vec{b})$ i) $(\vec{b} \circ \vec{b}) \cdot \vec{b}$ j) $(\vec{b} \times \vec{b}) \circ \vec{b}$

2. Berechnen Sie jeweils den Flächeninhalt des Parallelogramms, das von den beiden Vektoren $\vec{a}$ und $\vec{b}$ aufgespannt wird.

a) $\vec{a} = \begin{pmatrix} 1 \\ 0 \\ -3 \end{pmatrix}$; $\vec{b} = \begin{pmatrix} -5 \\ 6 \\ 2 \end{pmatrix}$ b) $\vec{a} = \begin{pmatrix} -1 \\ 3 \\ -2 \end{pmatrix}$; $\vec{b} = \begin{pmatrix} 2 \\ -1 \\ 12 \end{pmatrix}$ c) $\vec{a} = \begin{pmatrix} 3 \\ -2 \\ 0 \end{pmatrix}$; $\vec{b} = \begin{pmatrix} 2 \\ -2 \\ -3 \end{pmatrix}$

d) $\vec{a} = \begin{pmatrix} -3 \\ -2 \\ 1 \end{pmatrix}$; $\vec{b} = \begin{pmatrix} 1 \\ 1 \\ 2 \end{pmatrix}$ e) $\vec{a} = \begin{pmatrix} 1 \\ 2 \\ 1 \end{pmatrix}$; $\vec{b} = \begin{pmatrix} 2 \\ -1 \\ 3 \end{pmatrix}$ f) $\vec{a} = \begin{pmatrix} 1 \\ 0 \\ -2 \end{pmatrix}$; $\vec{b} = \begin{pmatrix} 2 \\ 1 \\ 0 \end{pmatrix}$

3. Die Punkte A, B und C sind jeweils die Eckpunkte eines Dreiecks.

a) A (3 | 0 | 4), B (4 | 6 | 0) und C (0 | 7 | 1) b) A (0 | 0 | −4), B (4 | 0 | 0) und C (−8 | 0 | −8)
c) A (2 | 2 | 3), B (4 | 8 | 0) und C (−1 | 6 | 1) d) A (3 | 2 | 1), B (5 | −2 | 1) und C (7 | −2 | −5)

Zwei der vier Dreiecke besitzen einen Flächeninhalt mit natürlicher Maßzahl; berechnen Sie bei diesen beiden Dreiecken auch die Umfangslänge.

4. Jedes der fünf ebenen Vierecke, deren Eckpunkte gegeben sind, weist eine Besonderheit auf. Finden Sie jeweils heraus, um welches besondere Viereck es sich handelt, und berechnen Sie seinen Flächeninhalt.

a) R (6 | 0 | 8), I (8 | 12 | 0), T (0 | 14 | 2) und A (−2 | 2 | 10)
b) B (8 | 8 |12), E (2 | 12 | 4), R (0 | 12 | 4) und T (2 | 8 | 12)
c) L (8 | −4 | 4), E (4 | 4 | 0), N (0 | 8 | 8) und A (4 | 0 | 12)
d) R (−2 | −4 | 1), U (3 | −4 | 1), D (3 | 1 | 1) und I (−2 | 1 | 1)
e) E (10 | 0 | 0), L (0 | 0 | 5), F (0 | 5 | 0) und I (4 | 8 | −5)

5. Ermitteln Sie jeweils die Koordinaten von drei Vektoren, die auf den beiden Vektoren $\vec{a}$ und $\vec{b}$ senkrecht stehen.

a) $\vec{a} = \begin{pmatrix} 1 \\ 1 \\ -1 \end{pmatrix}$; $\vec{b} = \begin{pmatrix} 0 \\ 1 \\ -1 \end{pmatrix}$ b) $\vec{a} = \begin{pmatrix} 0 \\ 5 \\ 0 \end{pmatrix}$; $\vec{b} = \begin{pmatrix} 3 \\ 0 \\ 4 \end{pmatrix}$ c) $\vec{a} = \begin{pmatrix} 1 \\ 1 \\ -4 \end{pmatrix}$; $\vec{b} = \begin{pmatrix} -6 \\ -6 \\ 6 \end{pmatrix}$

d) $\vec{a} = \begin{pmatrix} 1 \\ 7 \\ 2 \end{pmatrix}$; $\vec{b} = \begin{pmatrix} 1 \\ -1 \\ 0 \end{pmatrix}$ e) $\vec{a} = \begin{pmatrix} 4 \\ -2 \\ -4 \end{pmatrix}$; $\vec{b} = \begin{pmatrix} -2 \\ 4 \\ -4 \end{pmatrix}$; f) $\vec{a} = \begin{pmatrix} 2 \\ 2 \\ -1 \end{pmatrix}$; $\vec{b} = \begin{pmatrix} 2 \\ 1 \\ 0 \end{pmatrix}$

6. Ermitteln Sie jeweils den Wert des Spatprodukts $\vec{a} \circ (\vec{b} \times \vec{c})$ und geben Sie eine Deutung Ihres Ergebnisses.

a) $\vec{a} = \begin{pmatrix} 0 \\ 1 \\ 2 \end{pmatrix}$; $\vec{b} = \begin{pmatrix} 3 \\ -2 \\ -1 \end{pmatrix}$; $\vec{c} = \begin{pmatrix} 3 \\ -1 \\ -2 \end{pmatrix}$ b) $\vec{a} = \begin{pmatrix} 2 \\ 1 \\ 2 \end{pmatrix}$; $\vec{b} = \begin{pmatrix} 6 \\ 5 \\ 8 \end{pmatrix}$; $\vec{c} = \begin{pmatrix} 10 \\ 0 \\ 5 \end{pmatrix}$

c) $\vec{a} = \begin{pmatrix} 4 \\ 0 \\ -7 \end{pmatrix}$; $\vec{b} = \begin{pmatrix} 1 \\ -3 \\ 2 \end{pmatrix}$; $\vec{c} = \begin{pmatrix} -3 \\ 1 \\ 4 \end{pmatrix}$ d) $\vec{a} = \begin{pmatrix} -1 \\ 1 \\ -1 \end{pmatrix}$; $\vec{b} = \begin{pmatrix} -2 \\ 1 \\ 2 \end{pmatrix}$; $\vec{c} = \begin{pmatrix} 2 \\ -10 \\ 7 \end{pmatrix}$

7. Gegeben sind die Vektoren $\vec{a} = \begin{pmatrix} 2 \\ -1 \\ -2 \end{pmatrix}$, $\vec{b} = \begin{pmatrix} -1 \\ 2 \\ -2 \end{pmatrix}$ und $\vec{c} = \begin{pmatrix} 2 \\ 1 \\ 1 \end{pmatrix}$. Berechnen Sie den Wert des Spatprodukts

a) $(\vec{a} \times \vec{b}) \circ \vec{c}$. b) $(\vec{b} \times \vec{c}) \circ \vec{a}$. c) $(\vec{c} \times \vec{a}) \circ \vec{b}$. Was fällt Ihnen auf?

8. Die Punkte A, B, C und S legen jeweils eine dreiseitige Pyramide P mit der Grundfläche ABC und der Spitze S fest. Berechnen Sie das Volumen der Pyramide P.

a) A (−1 | 0 | 2), B (2 | 1 | −3), C (0 | −3 | 1) und S (3 | 2 | 4)

b) A (4 | 5 | 0), B (2 | 6 | 2), C (0 | 1 | −2) und S (6 | −5 | 7)

c) A (2 | 2 | 2), B (2 | 8 | 8), C (8 | 2 | 8) und S (8 | 8 | 2)

9. Der Ursprung O und die Punkte S_1 ($\frac{8}{a}$ | 0 |0), S_2 (0 | $-\frac{8}{a}$ | 0) und S_3 (0 | 0 | 8); $a \in \mathbb{R}^+$, sind die Eckpunkte einer Pyramide P_a.

a) Ermitteln Sie das Volumen V_a dieser Pyramide in Abhängigkeit von a.

b) Für welchen Wert des Parameters a ist $V_a = 16$ [vgl. Teilaufgabe a)]?

10. Berechnen Sie das Volumen der Pyramide P, die als Grundfläche das Viereck ABCD mit A (2 | 2 | 0), B (7 | 4 |0), C (4 | 8 | 0) und D (2 | 5 | 0) und als Spitze S (4 | 4 | 5) hat.

11. Die Vektoren $\vec{a} = \begin{pmatrix} 1 \\ 1 \\ 1 \end{pmatrix}$, $\vec{b} = \begin{pmatrix} 2 \\ 0 \\ 1 \end{pmatrix}$ und $\vec{c} = k\begin{pmatrix} 1 \\ -1 \\ -1 \end{pmatrix}$; $k \in \mathbb{R}^-$, spannen einen Spat auf.

a) Ermitteln Sie das Volumen des Spats in Abhängigkeit von k.

b) Für welchen Wert von k ist $V_{Spat} = 12$?

12. In einem kartesischen Koordinatensystem sind die Punkte S_k (k | 0 | 0), T_k (0 | k | 0) und U_k (0 | 0 | k); $k \in \mathbb{N}$, gegeben.

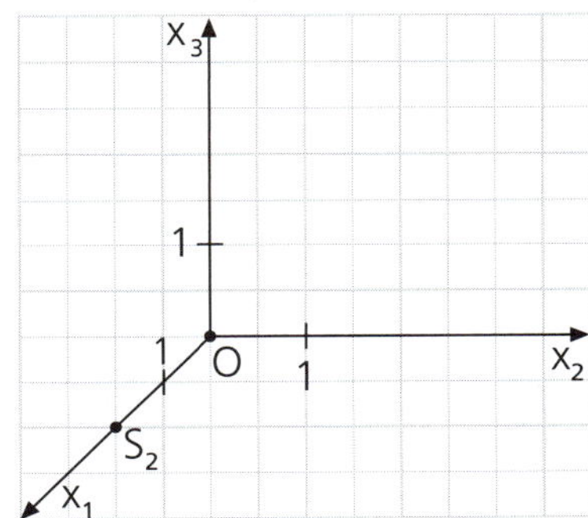

a) Beschreiben Sie die Lage von S_k, T_k und U_k anhand einer Skizze in nebenstehendem Koordinatensystem.

b) Berechnen Sie das Volumen V_k der Pyramide $OS_kT_kU_k$ in Abhängigkeit von k. Für welchen Wert k* von k ist $V_{k^*} = 36$?

c) Vergleichen Sie V_k und V_{2k} [vgl. Teilaufgabe b)].

d) Geben Sie eine Gleichung der Kugel mit Mittelpunkt O (0 | 0 | 0) an, auf der die Punkte S_k, T_k und U_k liegen, und finden Sie heraus, welchen Bruchteil des Kugelvolumens die Pyramide $OS_kT_kU_k$ einnimmt.

13. Die Vektoren $\vec{a} = \begin{pmatrix} 1 \\ 1 \\ 2 \end{pmatrix}$, $\vec{b} = \begin{pmatrix} 1 \\ 1 \\ -1 \end{pmatrix}$ und $\vec{c} = \begin{pmatrix} 2 \\ -2 \\ 0 \end{pmatrix}$ spannen einen Spat auf.

a) Zeigen Sie, dass der Spat ein Quader ist, und berechnen Sie sein Volumen auf zwei verschiedene Arten.

b) Ermitteln Sie den Flächeninhalt jeder der beiden kleinsten Seitenflächen dieses Spats und geben Sie an, um wie viel Prozent jede der beiden größten Seitenflächen größer ist.

c) Ein Schokoladenquader mit den Kantenlängen $\sqrt{3}$ cm, $\sqrt{6}$ cm und $\sqrt{8}$ cm soll in einer Plexiglaskugel verpackt werden. Welche Innenradiuslänge muss diese Kugel mindestens haben? Schätzen Sie, wie viel kcal dieser Schokoladenquader hat.

1. Gegeben sind die Vektoren $\vec{a} = \begin{pmatrix} -6 \\ -2 \\ 3 \end{pmatrix}$, $\vec{b} = \begin{pmatrix} -2 \\ 1 \\ 2 \end{pmatrix}$ und $\vec{c} = \begin{pmatrix} -3 \\ 0 \\ 4 \end{pmatrix}$.

Ermitteln Sie (1) $\vec{a} + \vec{b}$ (2) $\vec{a} - \vec{c}$ (3) $\vec{a} \circ (\vec{b} \times \vec{c})$
(4) $\vec{a} \cdot (\vec{b} \circ \vec{c})$ (5) $(\vec{a} + \vec{b}) \circ (\vec{a} - \vec{c})$ (6) $(\vec{a} + \vec{b}) \times (\vec{a} - \vec{c})$

Wie viel Prozent der Ergebnisse sind Vektoren?

2. Ermitteln Sie für $\vec{a} \in \mathbb{R}$ alle Vektoren mit

a) $\left|\begin{pmatrix} 2a \\ 1-a \\ a \end{pmatrix}\right| = 3.$ b) $\left|\begin{pmatrix} 4a \\ 2a \\ -4a \end{pmatrix}\right| = 12.$ c) $\left|\begin{pmatrix} 6a \\ a \\ -18a \end{pmatrix}\right| = 19.$

3. Beweisen Sie den folgenden Satz rechnerisch:
Wenn für die beiden Vektoren $\vec{a}$ und $\vec{b}$ mit $\vec{a}, \vec{b} \neq \vec{o}$ gilt, dass $(\vec{a} + \vec{b}) \circ (\vec{a} - \vec{b}) = 0$ ist, dann ist stets $|\vec{a}| = |\vec{b}|$. Deuten Sie das Ergebnis geometrisch.

4. Geben Sie jeweils zwei verschiedene Vektoren $\vec{a} = \begin{pmatrix} a_1 \\ a_2 \\ a_3 \end{pmatrix}$ und $\vec{b} = \begin{pmatrix} b_1 \\ b_2 \\ b_3 \end{pmatrix}$ in Spaltenschreibweise an, die beide

a) in der x_1-x_2-Ebene liegen.
b) auf der x_3-Achse liegen.
c) den Betrag 3 besitzen.
d) parallel zur x_2-Achse sind.
e) senkrecht zur x_1-x_2-Ebene sind.

5. Zeigen Sie, dass für zwei Vektoren $\vec{a} = \begin{pmatrix} a_1 \\ a_2 \\ a_3 \end{pmatrix}$ und $\vec{b} = \begin{pmatrix} b_1 \\ b_2 \\ b_3 \end{pmatrix}$ stets $(\vec{a} \circ \vec{b})^2 \leqq |\vec{a}|^2 \cdot |\vec{b}|^2$ ist.

6. Die Punkte A (0 | 2 | 4), B (4 | 0 | 3) und C (8 | 2 | 4) sind die Eckpunkte des Dreiecks ABC; zeigen Sie, dass es gleichschenklig ist. Ermitteln Sie die Größen der Innenwinkel dieses Dreiecks sowie seine Umfangslänge U_{ABC} und seinen Flächeninhalt A_{ABC}. Begründen Sie, dass die Puntke A, B und C auf einer Kugel mit Mittelpunkt M (4 | 4,2 | 5,1) liegen.

7. Begründen Sie, dass die Vektoren $\vec{a} = \begin{pmatrix} 2 \\ -14 \\ 5 \end{pmatrix}$, $\vec{b} = \begin{pmatrix} 11 \\ -2 \\ -10 \end{pmatrix}$ und $\vec{c} = \begin{pmatrix} -10 \\ -5 \\ -10 \end{pmatrix}$ einen Würfel aufspannen. Auf jede seiner sechs Flächen wird eine gerade Pyramide der Höhe 15 aufgesetzt. Ermitteln Sie das Volumen des entstehenden sechszackigen Sternkörpers.

8. Der Würfel ABCDEFGH hat die Kantenlänge 15. Berechnen Sie den Flächeninhalt des Rechtecks BCHE und die Größe φ des Winkels $\sphericalangle$ HCE.

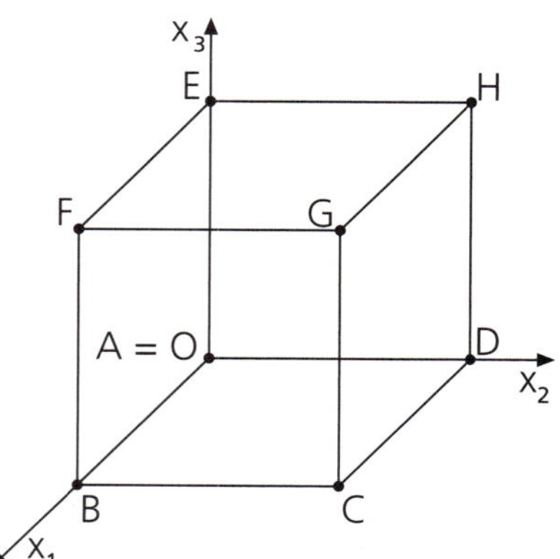

9. Finden Sie jeweils heraus, für welche Werte des Parameters p die Gleichung eine Kugelgleichung ist, und geben Sie die Koordinaten des Kugelmittelpunkts M und die Radiuslänge r in Abhängigkeit von p an.

a) $x_1^2 + x_2^2 + x_3^2 + 4x_1 - 2x_2 + p = 0$
b) $x_1^2 + x_2^2 + x_3^2 + 4x_1 - 4px_3 - 7 = 0$
c) $x_1^2 + x_2^2 + x_3^2 + 6x_2 - 12x_3 + p^2 = 0$

10. Bestimmen Sie den Wert / die Werte des Parameters p so, dass der Punkt

a) P (3p | –3 | p) auf der Kugel K: $x_1^2 + x_2^2 + x_3^2 = 49$ liegt.

b) P (p | 2 | –p) im Inneren der Kugel K: $(x_1 - 6)^2 + (x_2 - 5)^2 + (x_3 + 4)^2 = 81$ liegt.

c) P (–3 | p | 0) außerhalb der Kugel K: $(x_1 - 2{,}5)^2 + (x_2 + 7)^2 + (x_3 - 2)^2 = 4$ liegt.

11. Ermitteln Sie jeweils den Vektor $\vec{n} = \vec{a} \times \vec{b}$ und zeigen Sie, dass $\vec{n}$ sowohl auf $\vec{a}$ wie auch auf $\vec{b}$ senkrecht steht.

a) $\vec{a} = \begin{pmatrix} 2 \\ 0 \\ 0 \end{pmatrix}; \vec{b} = \begin{pmatrix} 0 \\ 3 \\ 0 \end{pmatrix}$ b) $\vec{a} = \begin{pmatrix} 3 \\ -1 \\ 0 \end{pmatrix}; \vec{b} = \begin{pmatrix} 5 \\ 0 \\ -4 \end{pmatrix}$ c) $\vec{a} = \begin{pmatrix} -2 \\ 7 \\ 5 \end{pmatrix}; \vec{b} = \begin{pmatrix} 11 \\ -6 \\ 7 \end{pmatrix}$

12. Bestimmen Sie x_1 und x_2 so, dass $\begin{pmatrix} x_1 \\ x_2 \\ 1 \end{pmatrix} \times \begin{pmatrix} 1 \\ 2 \\ 1 \end{pmatrix} = \begin{pmatrix} -5 \\ 3 \\ -1 \end{pmatrix}$ ist.

13. Die Punkte A (–1 | 2 | 5), B (5 | 4 | –1) und C (3 | 3 | 4) sind die Eckpunkte des Dreiecks ABC; berechnen Sie seinen Flächeninhalt A_1.
Wird das Dreieck ABC senkrecht auf die x_1-x_2-Ebene projiziert, so erhält man das Dreieck A*B*C*.
Geben Sie die Koordinaten seiner Eckpunkte A*, B* und C* an und berechnen Sie seinen Flächeninhalt A_2.
Finden Sie heraus, um wie viel Prozent A_2 größer oder kleiner als A_1 ist.

14. Die Abbildung zeigt den Würfel ABCDEFGH. Finden Sie heraus, welche Art von Viereck ensteht, wenn Sie die Punkte F, $M_2 = M_{[BC]}$, D und $M^* = M_{[EH]}$ miteinander verbinden ($M_{[BC]}$ ist der Mittelpunkt der Würfelkante [BC]; $M_{[EH]}$ ist der Mittelpunkt der Würfelkante [EH]).
Ermitteln Sie den Flächeninhalt A und die Umfangslänge U des Vierecks FM_2DM^*.

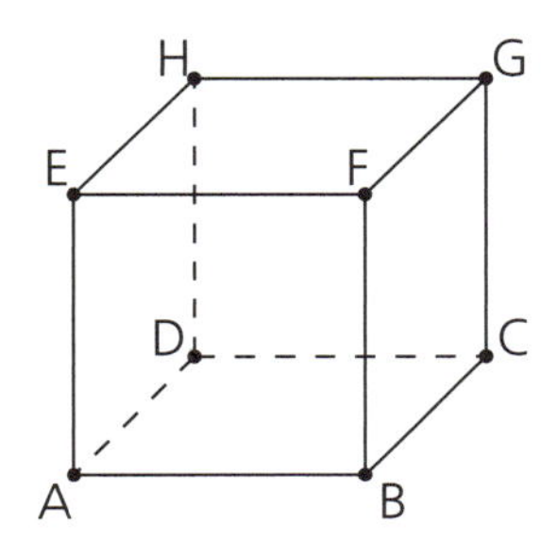

15. M (–1 | 1 | 3) ist der Mittelpunkt einer Kugel K mit Radiuslänge $r = 3\sqrt{3}$. Geben Sie eine Gleichung von K an. Zeigen Sie, dass die Punkte F (0 | 2 | 8) und H (–6 | 2 | 2) auf der Kugel K liegen, und ermitteln Sie die Koordinaten derjenigen Punkte D bzw. B, für die [FD] bzw. [HB] ein Kugeldurchmesser ist.

16. In einem kartesischen Koordinatensystem sind die Punkte A (1 | 2 | 3), B (5 | 0 | –1) und D (–1 | 6 | –1) gegeben.

a) Zeigen Sie, dass die Vektoren $\overrightarrow{AB}$ und $\overrightarrow{DA}$ aufeinander senkrecht stehen und den gleichen Betrag haben.

b) Bestimmen Sie die Koordinaten des Punkts C, der die Punkte A, B und D zu einem Quadrat ABCD ergänzt, sowie die Koordinaten des Schnittpunkts M der Diagonalen dieses Quadrats.

c) Das Quadrat ABCD von Teilaufgabe b) ist die Grundfläche einer Pyramide P mit der Spitze S (6 | 7 | 1). Zeigen Sie, dass der Vektor $\overrightarrow{MS}$ sowohl auf $\overrightarrow{MA}$ wie auch auf $\overrightarrow{MB}$ senkrecht steht.
Berechnen Sie das Volumen der Pyramide P.

d) Zeigen Sie, dass der Punkt N (3 | 4 | –0,5) von den Punkten A, B, C, D und S [vgl. c)] gleich weit entfernt ist. Geben Sie eine Gleichung derjenigen Kugel K an, auf der die Punkte A, B, C, D und S liegen.

e) Berechnen Sie die Größe φ des Winkels, den die Seitenkante [SA] der Pyramide P aus Teilaufgabe c) mit der Höhe [SM] dieser Pyramide einschließt.

17. Die Punkte A (4 | 0 | 0), B (4 | 4 | 0), C (0 | 4 | 0) und D (0 | 0 | 0) sind die Eckpunkte der Grundfläche einer Pyramide P mit der Spitze S (2 | 2 | 5); F (2 | 2 | 0) ist der Fußpunkt der Pyramidenhöhe.

a) Zeichnen Sie ein Schrägbild der Pyramide P in das Koordinatensystem ein.

b) Berechnen Sie den Oberflächeninhalt und das Volumen der Pyramide P sowie die Größe φ des Winkels ∢ SAC auf Grad gerundet.

c) Ermitteln Sie die Koordinaten desjenigen Punkts M auf [FS], der von den Punkten A, B, C, D und S gleich weit entfernt ist, sowie die Gleichung der Kugel K, auf der die Punkte A, B, C, D und S liegen. Finden Sie heraus, wie viel Prozent des Kugelvolumens die Pyramide einnimmt.

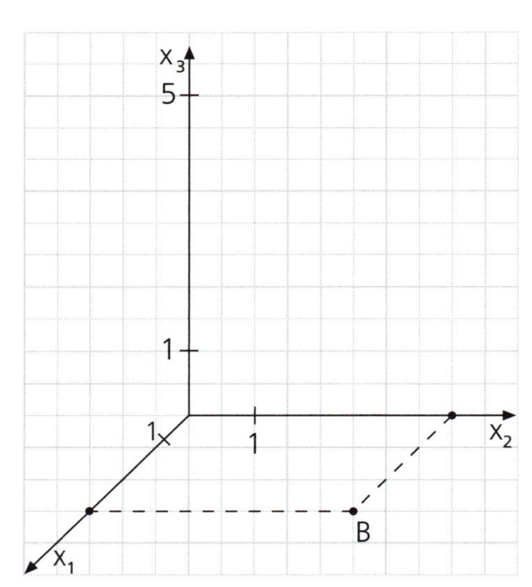

18. Der Spat ABDCEFGH ist durch den Punkt A (6 | 0 | 0) sowie durch die Vektoren $\overrightarrow{AB} = \begin{pmatrix} 0 \\ 8 \\ 2 \end{pmatrix}$, $\overrightarrow{AD} = \begin{pmatrix} -6 \\ 2 \\ 0 \end{pmatrix}$ und $\overrightarrow{AE} = \begin{pmatrix} -3 \\ 1 \\ 4 \end{pmatrix}$ gegeben.

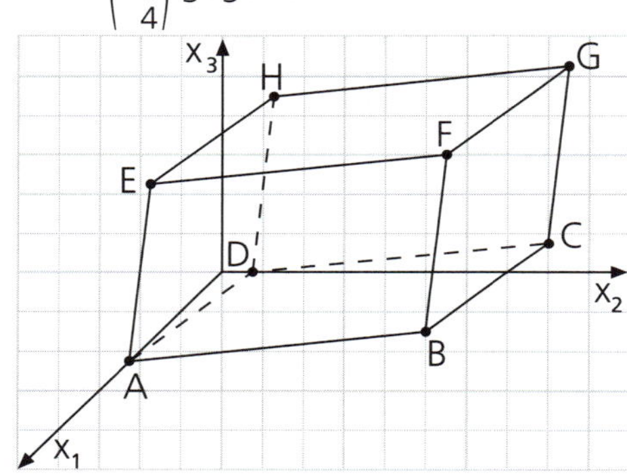

a) Ermitteln Sie die Koordinaten der übrigen sieben Eckpunkte des Spats sowie die Größen aller vier Innenwinkel des Parallelogramms ABCD.

b) Berechnen Sie das Volumen des Spats.

19. Ergänzen Sie die Tabelle.

Kugeln	K_1 mit Mittelpunkt M_1 und Radiuslänge r_1	K_2 mit Mittelpunkt M_2 und Radiuslänge r_2
K_1 und K_2 schneiden einander, wenn	$\lvert r_1 - r_2 \rvert < \overline{M_1M_2} < r_1 + r_2$ ist.	
K_1 und K_2 berühren einander von außen, wenn		
K_1 berührt K_2 von innen (bzw. K_2 berührt K_1 von innen), wenn		
K_1 und K_2 haben miteinander keinen Punkt gemeinsam, wenn		

Die Kugel K_1 hat den Mittelpunkt M_1 (1 I –2 I 6) und die Radiuslänge $r_1 = 6$; die Kugel K_2 hat den Mittelpunkt M_2 (–5 I –4 I 3) und die Radiuslänge $r_2 > 0$. Finden Sie heraus,

a) für welche Werte von r_2 die beiden Kugeln einander schneiden.

b) für welche Werte von r_2 die beiden Kugeln miteinander keinen Punkt gemeinsam haben.

c) für welchen Wert von r_2 die beiden Kugeln einander von außen berühren.

d) für welchen Wert von r_2 die Kugel K_2 die Kugel K_1 einschließend berührt.

20. Die Abbildung zeigt den Quader ABCOEFGH. T ist der Schnittpunkt der Diagonalen des Vierecks ABCO, P ist der Schnittpunkt der Diagonalen des Vierecks ABFE, und M ist der Schnittpunkt der Diagonalen des Vierecks ABGH.

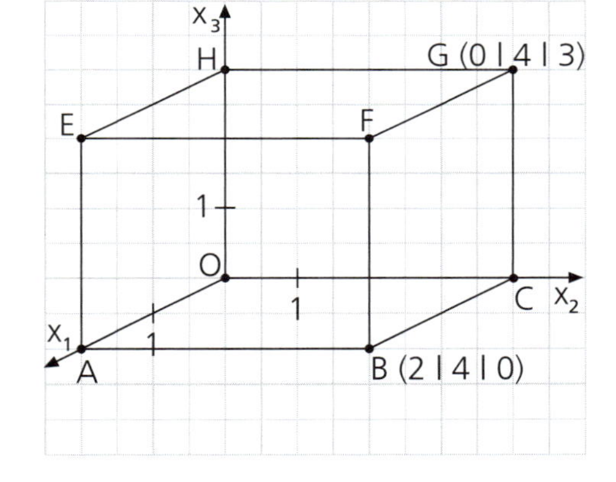

a) Ermitteln Sie die Koordinaten der Punkte A, C, E, F und H sowie die Ortsvektoren $\vec{T}$, $\vec{P}$ und $\vec{M}$.

A(I I), B(I I), C(I I),
E(I I), F(I I), H(I I),
$\vec{T} = \left(\quad \right)$, $\vec{P} = \left(\quad \right)$, $\vec{M} = \left(\quad \right)$

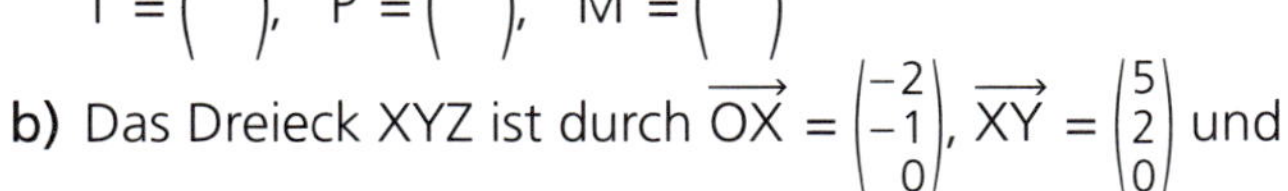

b) Das Dreieck XYZ ist durch $\overrightarrow{OX} = \begin{pmatrix} -2 \\ -1 \\ 0 \end{pmatrix}$, $\overrightarrow{XY} = \begin{pmatrix} 5 \\ 2 \\ 0 \end{pmatrix}$ und Z (2 I 3 I 0) festgelegt. Ermitteln Sie die Koordinaten des Eckpunkts Y sowie das Volumen der Pyramide XYZG.

c) In der x_1-x_2-Ebene ist der Kreis k durch die Gleichung $(x_1 + 2)^2 + (x_2 + 2)^2 = 45$ gegeben. Die Gerade g durch die Punkte A und C schneidet k in den Punkten S_1 und S_2. Ermitteln Sie die Länge der Sehne $[S_1S_2]$.

21. Gegeben sind die Punkte A (1 I 2 I 3), B (5 I 0 I –1), C (3 I 4 I –5), D (–1 I 6 I –1) sowie S_t (1 – t I 8 I t); $t \in \mathbb{R}\setminus\{9\}$.

a) Zeigen Sie, dass das Viereck ABCD ein Quadrat ist.

b) Das Quadrat ABCD und der Vektor $\overrightarrow{DS_t}$ legen einen Spat $ABCDP_tQ_tR_tS_t$ fest. Geben Sie zunächst das Volumen V_t dieses Spats in Abhängigkeit von t an. Bestimmen Sie dann t so

(1) dass $V_t = 144$ ist. (2) dass der Spat ein Quader ist.

22. Ein Partyzelt besitzt eine quadratische Gundfläche PQRS mti der Seitenlänge 3 m (vgl. Skizze; das Quadrat liegt in der x_1-x_2-Ebene symmetrisch zu den Koordinatenachsen). Die vertikalen Stützstangen sind 2 m hoch. Die Dachkanten bilden eine symmetrische Pyramide mit der Spitze X. An den Ecken T, U, V und W sind gleich lange Spannschnüre befestigt; sie sind in den Punkten F_1, F_2, F_3 bzw. F_4 im Boden verankert. Das Quadrat $F_1F_2F_3F_4$ mit der Seitenlänge 7 m liegt ebenfalls in der x_1-x_2-Ebene und ist symmetrisch zu den Koordinatenachsen.

a) Ergänzen Sie die nebenstehende Tabelle.

P	Q	R
(1,5 I –1,5 I 0)		

S	T	U

V	W	F_1

F_2	F_3	F_4

X
(0 I 0 I 2,5)

b) Berechnen Sie die Längen der Spannschnüre und die Größe der Winkel, die diese mit den vertikalen Stützstangen bilden.

c) An einem kühlen Tag werden die Seitenwände des Partyzelts geschlossen. Berechnen Sie den Oberflächeninhalt des geschlossenen Partyzelts.

d) In der Seitenwand QRVU befindet sich ein rechteckiges, 1 m langes und 0,5 m hohes Fenster ABCD, dessen Unterkante 1 m über der Bodenfläche liegt und das symmetrisch in die Seitenwand eingelassen ist. Die Abendsonnenstrahlen fallen parallel zur x_2-x_3-Ebene durch das Fenster und erzeugen auf dem Boden des Partyzelts ein beleuchtetes Rechteck A*B*C*D*. Ermitteln Sie die Koordinaten der Punkte B*, C* und D*, wenn A* (0,5 I –0,5 I 0) ist. Finden Sie heraus, unter welchem Winkel die Lichtstrahlen gegen den Boden geneigt sind. Geben Sie den Flächeninhalt des „Lichtrechtecks" an.

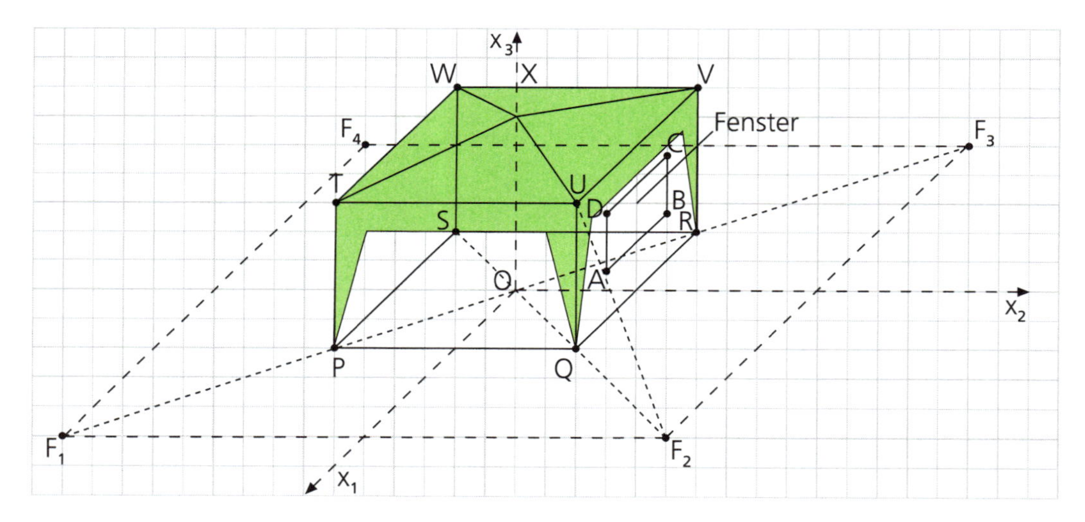

Kapitel 4

Weitere Ableitungsregeln

1. Bilden Sie jeweils die Verkettungen $f(x) = u(v(x))$ und $g(x) = v(u(x))$ der Terme $u(x)$ und $v(x)$.

a) $u(x) = 2x + 1;\ v(x) = 1 - x^2$
b) $u(x) = 2^x;\ v(x) = x^2$
c) $u(x) = x^4;\ v(x) = 1 - x$
d) $u(x) = \sqrt{x^2 + 1};\ v(x) = 1 - x^2$
e) $u(x) = 2 + \frac{1}{x};\ v(x) = |x|$
f) $u(x) = \sin x;\ v(x) = 2x$

2. Ermitteln Sie jeweils die erste Ableitung auf zwei verschiedene Arten.

a) $f(x) = (x^2)^4$
b) $f(x) = (1 - x)^2$
c) $f(x) = (3 + 4x)^{-1}$
d) $f(x) = x^2(x^2 - 4)$
e) $f(x) = (\sqrt{x} + 1)^2$
f) $f(x) = (1 + x)\left(1 - \frac{1}{x}\right)$
g) $f(x) = (\sqrt{x} - 1)(\sqrt{x} + 1)$
h) $f(x) = 2x^2(2x + 4)$
i) $f(x) = (1 + 2x)^2$
j) $f(x) = (1 + 3x)(1 + x)$
k) $f(x) = (1 + x)(1 - x + x^2)$
l) $f(x) = (1 + nx)^2 + (1 - nx)^2$

3. Ermitteln Sie zu jedem der Funktionsterme $f(x)$ die erste Ableitung $f'(x)$.

	f(x)	f'(x)
a)	$f(x) = (2x + 1)^3$	
b)	$f(x) = (1 - 6x^2)^2$	
c)	$f(x) = \left(1 - \frac{1}{x}\right)^2$	
d)	$f(x) = (1 + \sqrt{x})^{10}$	
e)	$f(x) = \left(\frac{1}{x^2 + 1}\right)^2$	
f)	$f(x) = 2x(4 - x)^3$	
g)	$f(x) = (2x^3 - x - 1)^2$	
h)	$f(x) = \left(\frac{1 - x}{1 + 2x}\right)^2$	
i)	$f(x) = \frac{1}{(kx + 1)^2};\ k \in \mathbb{R}^+$	
j)	$f(x) = \left(1 - \frac{b}{x}\right)^3;\ b \in \mathbb{R}\setminus\{0\}$	
k)	$f(x) = (1 + 8x^2)^3$	
l)	$f(x) = (1 + 4x^2)^{-2}$	

4. Gegeben ist die Schar von Funktionen f_n: $f_n(x) = 2x(1 - x)^n$; $n \in \mathbb{Z}$; $D_f = D_{f\,max}$; der Graph von f_n ist G_{f_n}.

a) Die Abbildung zeigt die Graphen von vier Funktionen der Schar; finden Sie jeweils den zugehörigen Funktionsterm heraus und geben Sie eine Begründung an.

b) Begründen Sie, dass alle Graphen einen Punkt miteinander gemeinsam haben.
Geben Sie zwei Funktionen an, deren Graphen miteinander zwei Punkte gemeinsam haben.

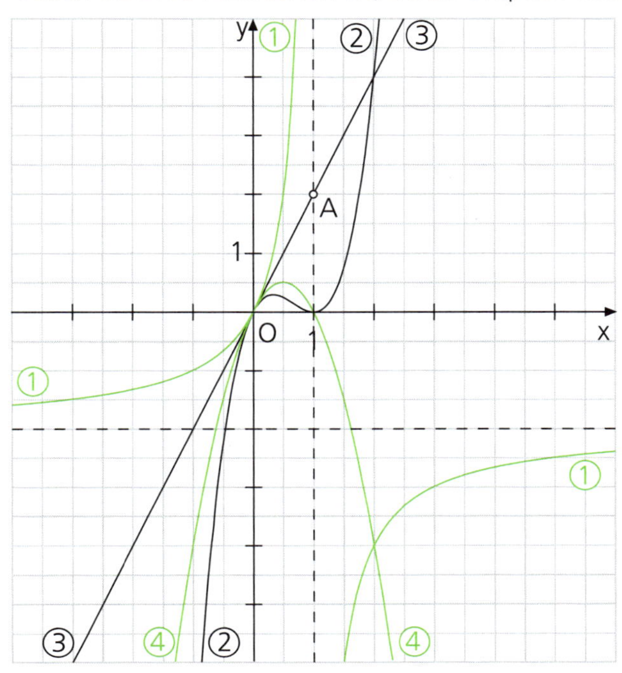

c) Zeigen Sie, dass die Gerade g mit der Gleichung y = 2x jeden der Graphen G_{f_n} außer G_{f_0} berührt.

d) Die Gerade g von Teilaufgabe c) schneidet G_{f_2} im Punkt S und die Gerade a mit der Gleichung y = –2 im Punkt U. In welchem Verhältnis teilt der Ursprung die Strecke [SU]?

5. Gegeben sind die Funktionen u: $u(x) = x^2$; $D_u = \mathbb{R}$, und v: $v(x) = 1 + x$; $D_v = \mathbb{R}$.

a) Geben Sie f(x) = u(v(x)) und g(x) = v(u(x)) sowie $D_f = D_{f\,max}$ und $D_g = D_{g\,max}$ an.
Zeichnen Sie die Graphen der vier Funktionen u, v, f und g.

b) Spiegeln Sie den Graphen G_u an der Geraden mit der Gleichung y = 1 und geben Sie die „Spiegelfunktion" u* an.

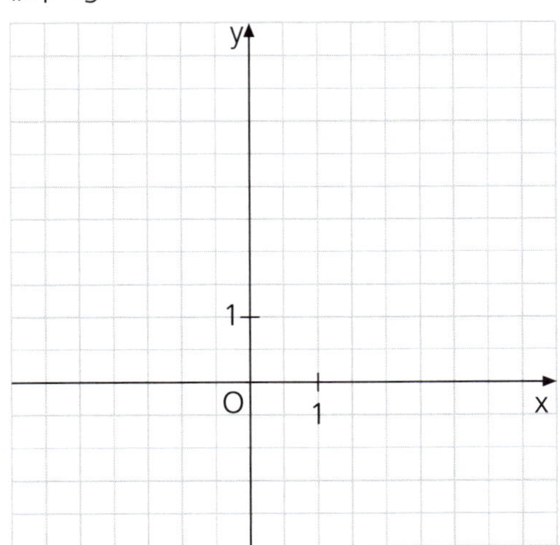

1. Bilden Sie jeweils zunächst $f'(x)$ und berechnen Sie dann $f'(x_0)$.

	f(x)	x_0	f'(x)	$f'(x_0)$
a)	$f(x) = \sin x + 2 \cos x$	0		
b)	$f(x) = \sin [2(x + \pi)]$	π		
c)	$f(x) = \cos (-x)$	$\frac{\pi}{2}$		
d)	$f(x) = (1 - \cos x)^2$	$\frac{\pi}{3}$		
e)	$f(x) = \frac{2}{\sin x}$; $\sin x \neq 0$	$-\frac{\pi}{2}$		
f)	$f(x) = 2 \sin x \cos x$	$\frac{\pi}{4}$		
g)	$f(x) = \sin (2x)$	2π		
h)	$f(x) = [\sin (2x)]^2 + [\cos(-2x)]^2$	$\frac{\pi}{5}$		
i)	$f(x) = \sin \frac{\pi}{x}$; $x \neq 0$	$\frac{1}{2}$		
j)	$f(x) = \frac{\sin x}{\cos x}$; $\cos x \neq 0$	0		
k)	$f(x) = \frac{1}{2 - \cos x}$	$\frac{\pi}{2}$		

2. Gegeben ist die Funktion f: $f(x) = -(\cos x)^2 - \cos x + 2$; $D_f = [-4; 4]$; ihr Graph ist G_f.

a) Zeigen Sie, dass G_f symmetrisch zur y-Achse ist.

b) Ermitteln Sie die Koordinaten der Punkte, die G_f mit den Koordinatenachsen gemeinsam hat. Sind diese Punkte Berührpunkte?

c) Berechnen Sie die Koordinaten der Extrempunkte von G_f.

d) Skizzieren Sie G_f.

3. Die Abbildung zeigt den Graphen G_f der Funktion f: $f(x) = 3\sin x + \sqrt{3}\cos x$; $D_f =]0; 2\pi[$.

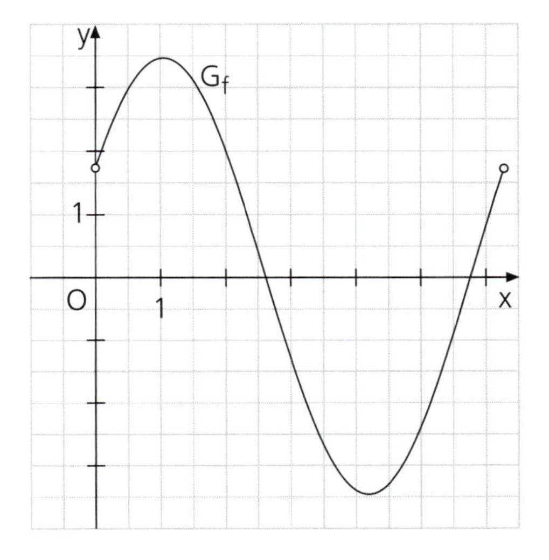

a) Ermitteln Sie die Koordinaten der Punkte, die G_f mit den Koordinatenachsen gemeinsam hat.

b) Berechnen Sie die Koordinaten der Extrempunkte von G_f.

c) Die Schnittpunkte von G_f mit der x-Achse und der Tiefpunkt T von G_f sind die Eckpunkte eines Dreiecks. Spiegeln Sie dieses Dreieck an der x-Achse und berechnen Sie die Umfangslänge und den Flächeninhalt des dabei entstehenden Vierecks.

4. Die Abbildung zeigt die Graphen G_f und G_g der Funktionen f: $f(x) = \sin x$ und g: $g(x) = 1 - \sin x$; $D_f = D_g = [0; 2{,}5\pi]$.

a) G_f und G_g haben miteinander die drei Punkte P, Q und R ($x_P < x_Q < x_R$) gemeinsam. Berechnen Sie die Längen der Strecken [PQ] und [QR]. Um wie viel Prozent ist [QR] länger als [PQ]?

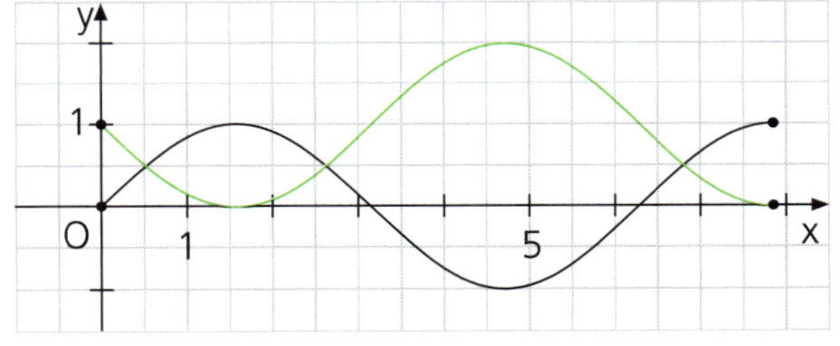

b) Es ist S (a | f(a)) und T (a | g(a)) und $\overline{ST} = d(a) = g(a) - f(a)$; $\frac{5\pi}{6} < a < \frac{13\pi}{6}$.
Deuten Sie d(a) geometrisch. Für welchen Wert a* von a mit nimmt d seinen größten Wert d_{max} an? Geben Sie d_{max} an.

5. Gegeben ist die Funktion f: $f(x) = a \cdot \sin x$; $a \in \mathbb{R}^+$; $D_f =]-\frac{\pi}{4}; \pi[$; ihr Graph ist G_f. Ermitteln Sie diejenige Stammfunktion F der Funktion f, deren Graph G_F den Graphen G_f im Punkt S $(\frac{3\pi}{4} \mid f(\frac{3\pi}{4}))$ schneidet. Ermitteln Sie denjenigen Wert a* des Parameters a, für den G_f und G_F einander in S rechtwinklig schneiden.

6. Die Abbildung zeigt den Graphen G_f der Funktion f: $f(x) = 2 \cdot |\sin x|$; $D_f = [0; 2\pi]$.
Finden Sie die Größe φ des Winkels heraus, den die beiden „Halbtangenten" an G_f im Punkt P (π | 0) miteinander bilden.

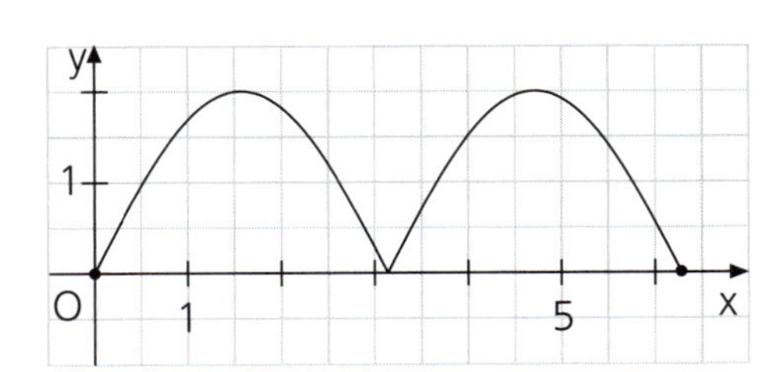

1. Bilden Sie jeweils $f'(x)$ und geben Sie $f(x_0)$ an ($D_f = D_{f\,max}$).

	f(x)	x_0	$f(x_0)$	$f'(x)$
a)	$f(x) = x\sqrt{x};\ x > 0$	1		
b)	$f(x) = \sqrt[3]{x};\ x > 0$	8		
c)	$f(x) = \cos\sqrt{x};\ x > 0$	π^2		
d)	$f(x) = \sin\frac{1}{\sqrt{x}}$	$\frac{1}{\pi^2}$		
e)	$f(x) = \sqrt[3]{x^2 + 26}$	1		
f)	$f(x) = \sqrt{4 - (2 - x)^2};\ 0 < x < 4$	2		
g)	$f(x) = x^n \cdot x^{1+n};\ n \in \mathbb{Z}$	1		
h)	$f(x) = (2 - \sqrt{x})^{1,5};\ 0 < x < 4$	1		
i)	$f(x) = \{[1 - [\cos(2x)]^2\}^{0,5};$ $\sin(2x) > 0$	0		
j)	$f(x) = [8 - (5 - 2x)]^3$	2		
k)	$f(x) = \sqrt{a^2x^2} + a^3;\ a \in \mathbb{R}^+;\ x > 0$	$\sqrt{a}$		
l)	$f(x) = \sqrt{a^2x^2 + a^3};\ a \in \mathbb{R}^+$	1		
m)	$f(x) = \frac{4}{\sqrt{x^2 + 1}}$	0		

2. Ordnen Sie jeder der Funktionen ($D_f = D_{f\,max}$) A bis E einen der Stammfunktionsterme I bis V zu.

	Funktionsterm f(x)		Stammfunktionsterm F(x)
A	$\frac{4}{\sqrt{x}}$	I	$x\sqrt{x}$
B	$x^{-0,75}$	II	$4x^2\sqrt{x}$
C	$1,5\sqrt{x}$	III	$10x^{0,5}$
D	$10\sqrt{x^3}$	IV	$4 \cdot \sqrt[4]{x}$
E	$5x^{-0,5}$	V	$8\sqrt{x}$

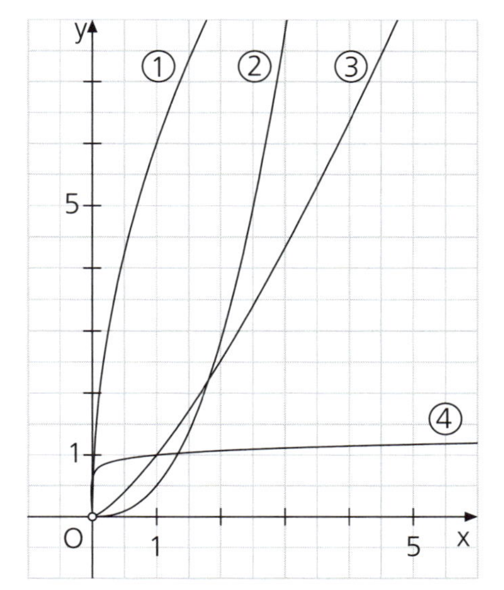

3. Die Abbildung zeigt die Graphen der vier Funktionen
f: $f(x) = x^{0,1}$; $D_f = \mathbb{R}^+$, g: $g(x) = 6\sqrt{x}$; $D_g = \mathbb{R}^+$,
h: $h(x) = \sqrt[3]{x^4}$; $D_h = \mathbb{R}^+$, und k: $k(x) = 0,5x^{2,5}$; $D_k = \mathbb{R}^+$.

a) Ordnen Sie jeweils Funktion und Graph einander zu.

b) Ermitteln Sie jeweils einen Stammfunktionsterm.

c) Begründen Sie, dass jede der vier Funktionen umkehrbar ist, und ermitteln Sie f^{-1} und k^{-1}.

4. Gegeben ist die Funktion $f_{a,b}$: $f_{a,b}(x) = \frac{a - x^2}{b + x^2}$; a, b $\in \mathbb{R}$ mit ab > 0; $D_f = D_{f\,max}$; ihr Graph ist $G_{f_{a,b}}$.

a) Ermitteln Sie die maximale Definitionsmenge für den Fall,
(1) dass $f_{a,b}$ Nullstellen besitzt. (2) dass $f_{a,b}$ keine Nullstelle besitzt.

b) Berechnen Sie die Koordinaten des Punkts P, in dem $G_{f_{a,b}}$ eine horizontale Tangente besitzt. Finden Sie heraus, ob P ein Terrassenpunkt von $G_{f_{a,b}}$ sein kann.

c) Zeigen Sie dass $G_{f_{a,b}}$ achsensymmetrisch zur y-Achse ist.

d) Es sei a = 3. Finden Sie heraus, ob der Punkt P [vgl. Teilaufgabe b)] Hoch- oder Tiefpunkt von $G_{f_{a,b}}$ ist. Geben Sie (je) eine Gleichung der Asymptote(n) von $G_{f_{a,b}}$ an.

e) Zeichnen Sie $G_{f_{a,b}}$ für $-3 \leqq x \leqq 3$.

5. Die Abbildung zeigt die Graphen von vier Funktionen des Typs f: $f(x) = a \cdot \sqrt{\frac{b - x}{x}}$; a, b $\in \mathbb{R}^+$; $D_f = D_{f\,max}$.

a) Ermitteln Sie jeweils die zugehörigen Werte der Parameter a und b.

b) Wählen Sie a = 2 und b = 4.
Geben Sie f* und $D_{f^*} = D_{f^*\,max}$ an.
Die Gerade g mit der Gleichung y = 2 schneidet den Graphen G_{f^*} im Punkt R. Berechnen Sie den Flächeninhalt A_{NOIR} des Trapezes NOIR mit N (0 | 2), O (0 | 0), I (4 | f*(4)) und R. Konstruieren Sie die Seitenlänge h eines Quadrats, dessen Flächeninhalt A_{NOIR} ist.

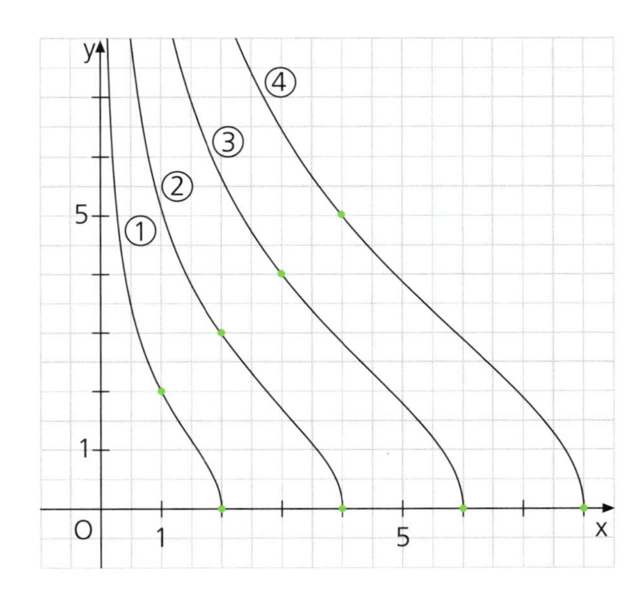

1. Bilden Sie jeweils die erste Ableitung ($D_f = D_{f\,max}$).

a) $f(x) = (1 - x)(4x + 3)^2$ **b)** $f(x) = -2\cos(\pi x) + 2$ **c)** $f(x) = \sqrt{\frac{x-4}{x+4}};\ x \neq 4$

d) $f(x) = \left(\sin\frac{1}{x}\right)^2$ **e)** $f(x) = \sqrt{81 - (9 - x)^2};\ x \notin \{0;\ 18\}$ **f)** $f(x) = x^{2n} \cdot x^{2-n};\ n \in \mathbb{Z}$

g) $f(x) = 4\sin\sqrt{x};\ x \neq 0$ **h)** $f(x) = \{1 - [\sin(2x)]^2\}^{0,5};\ \cos(2x) \neq 0$ **i)** $f(x) = 6\sqrt{x} + \frac{3}{x}$

2. Die Abbildungen A bis D zeigen die Graphen von vier Funktionen f, g, h und k mit den Funktionstermen f(x) bis k(x); die Abbildungen ① bis ④ zeigen die Graphen von deren Ableitungsfunktionen. Ordnen Sie jeweils Funktionsterm, Graph der Funktion und Graph der Ableitungsfunktion einander zu.

(I) $f(x) = \sqrt{x}$; (II) $g(x) = x\sqrt{x}$;

(III) $h(x) = x^{-1,5}$; (IV) $k(x) = x^{-0,25}$

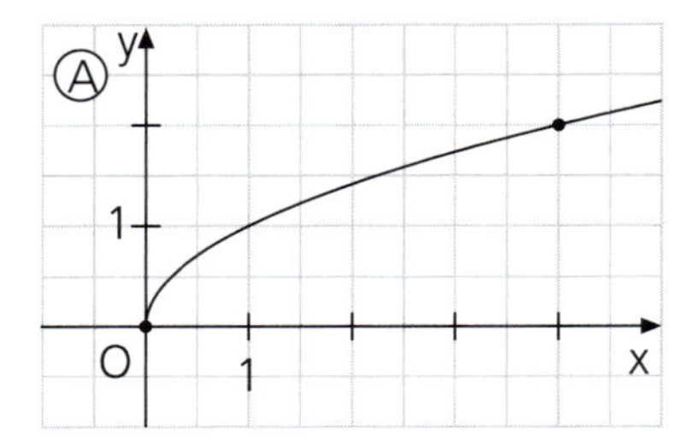

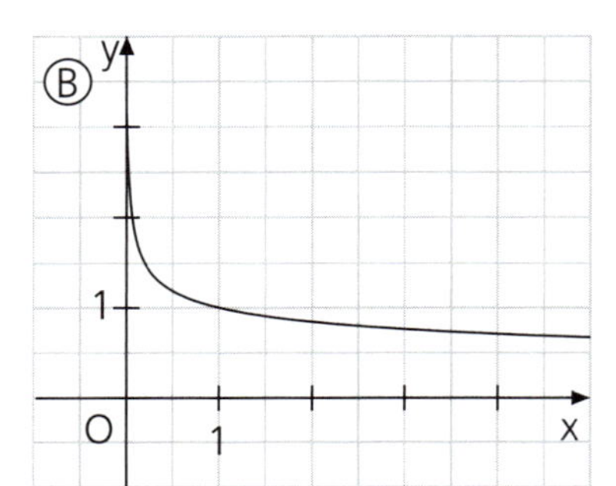

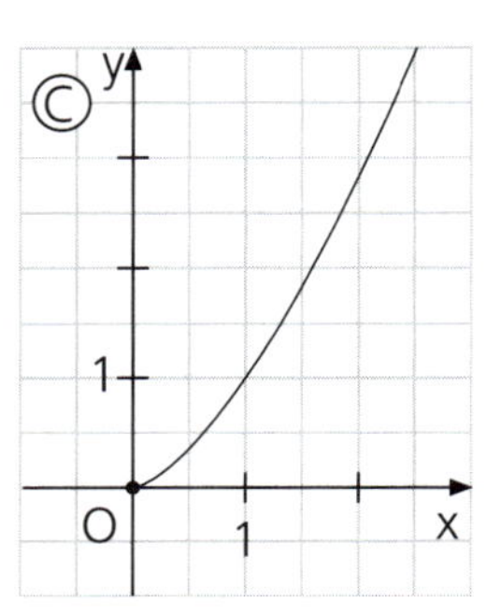

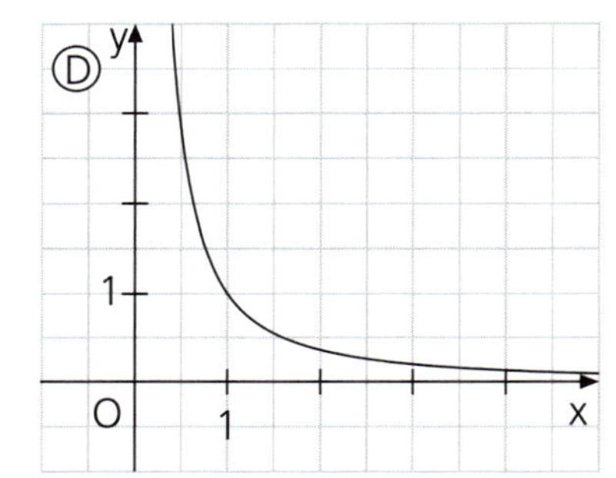

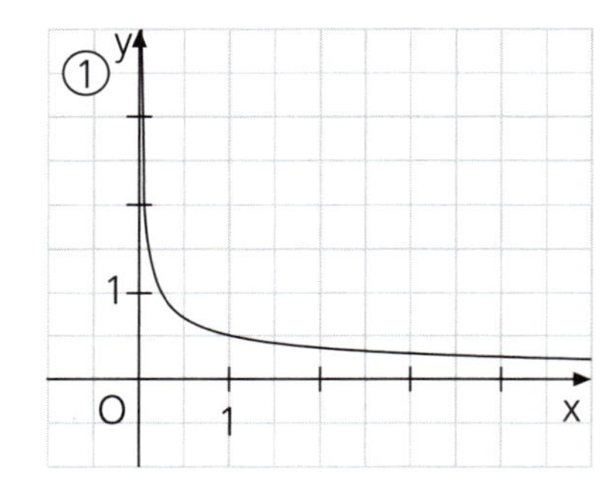

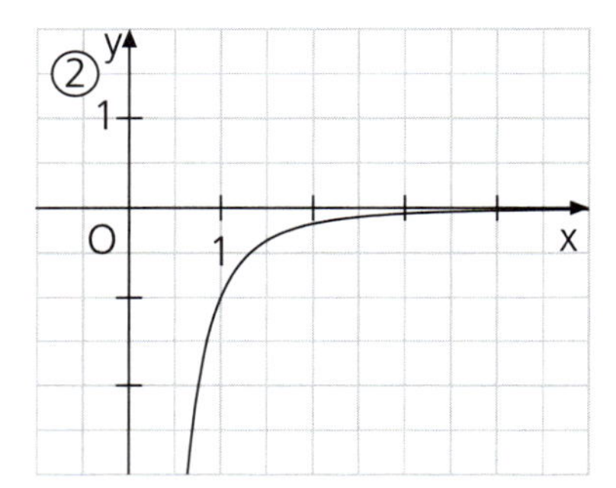

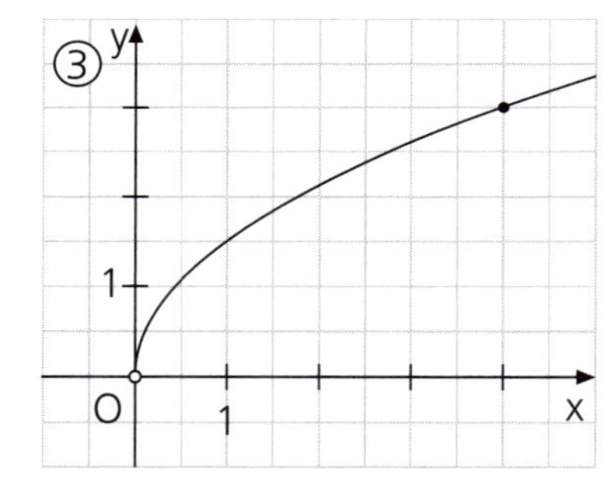

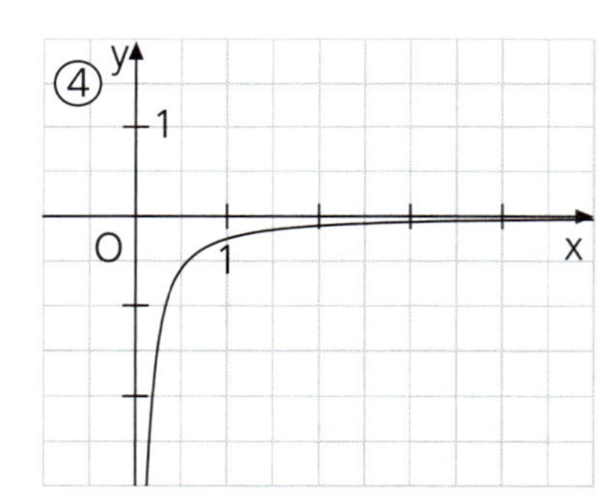

Term der Funktion	I	II	III	IV
Graph der Funktion	A			
Graph der Ableitungsfunktion				

3. Gegeben sind die Funktionen f: $f(x) = \frac{2}{\sqrt{4 + x^2}}$ und g: $g(x) = \frac{2x}{\sqrt{4 + x^2}}$; $D_f = \mathbb{R} = D_g$; ihre Graphen sind G_f bzw. G_g.

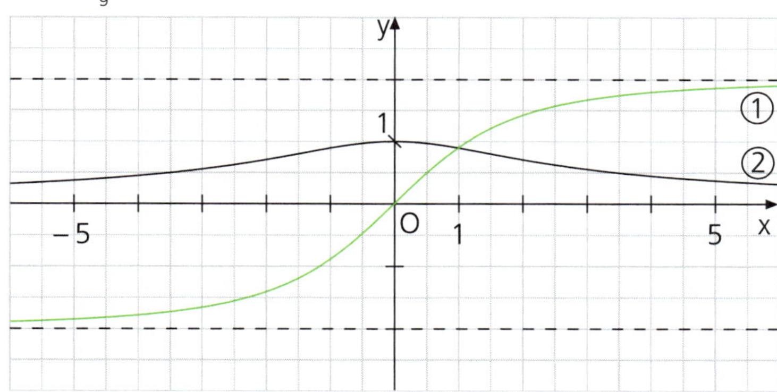

a) Die Abbildung zeigt die Graphen G_f und G_g. Ordnen Sie die Funktionen den Graphen zu. Begründen Sie das Symmetrieverhalten von G_f und G_g rechnerisch.

b) Untersuchen Sie das Monotonieverhalten der Funktionen f und g sowie ihr Verhalten im Unendlichen.

c) G_f und G_g schneiden einander im Punkt S. Ermitteln Sie die Koordinaten von S sowie die Größe φ der spitzen Schnittwinkel von G_f und G_g in S.

4. Vorgelegt ist die Funktion f: $f(x) = x \cdot \sqrt{\frac{x}{4 - x}}$; $D_f = D_{f\,max}$; ihr Graph ist G_f.

a) Ermitteln Sie $D_{f\,max}$ und geben Sie die Koordinaten der Punkte an, die G_f mit den Koordinatenachsen gemeinsam hat.
Untersuchen Sie das Verhalten von f für $x \to 0+$ und für $x \to 4-$.

b) Es ist $f'(x) = \frac{6 - x}{4 - x} \cdot \sqrt{\frac{x}{4 - x}}$ (Nachweis nicht erforderlich).
Ermitteln Sie das Monotonieverhalten der Funktion f. Zeichnen Sie G_f.

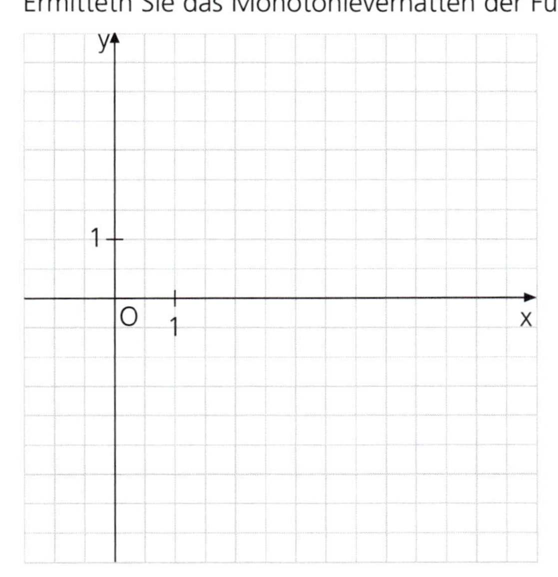

c) Die Tangente t_P an G_f im Graphpunkt P (2 I f(2)) schneidet die y-Achse im Punkt T; die Normale n_P von G_f im Punkt P (also das Lot n_P zu t_P im Punkt P) schneidet die y-Achse im Punkt R. Tragen Sie t_P und n_P in Ihre Zeichnung zu Teilaufgabe b) ein.
Berechnen Sie den Flächeninhalt des Dreiecks TRP sowie den Flächeninhalt seines Umkreises k.
Geben Sie eine Gleichung von k an.

5. Gegeben sind die Funktionen f: $f(x) = \sqrt{1 - \sin x}$ und g: $g(x) = \sqrt{1 - \cos x}$; $D_f = D_g = [-\pi; \pi]$; ihre Graphen sind G_f bzw. G_g.

a) Skizzieren Sie G_f und G_g.

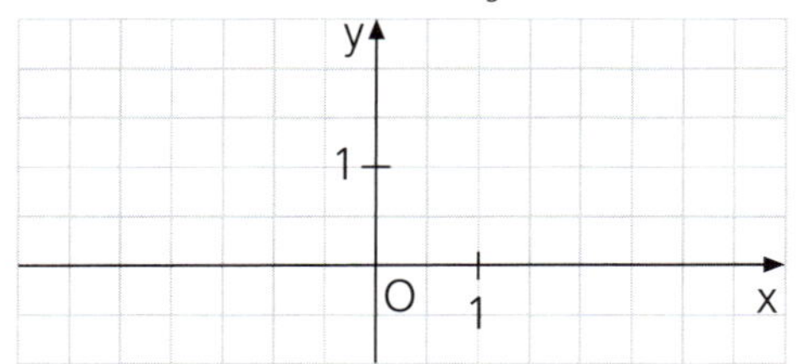

b) G_f und G_g schneiden einander in den Punkten C und S ($x_C < x_S$). Ermitteln Sie die Koordinaten der Schnittpunkte C und S und berechnen Sie die Länge $\overline{CS}$ der Strecke [CS].
Die Punkte C, A (x_C | 0), U (x_S | 0) und S sind die Eckpunkte des Trapezes CAUS; berechnen Sie seinen Flächeninhalt A_{CAUS}.

6. Die Funktion f ist überall in ihrer Definitionsmenge $D_f = D_{f\,max}$ differenzierbar; außerdem gilt für jeden Wert von $x \in D_f$, dass $f(x) > 0$ ist. Ihr Graph G_f besitzt an der Stelle $x = x_0$ eine horizontale Tangente.
Zeigen Sie, dass die Graphen der Funktionen g, h und k an der Stelle $x = x_0$ ebenfalls eine horizontale Tangente besitzen.

a) g: $g(x) = \sqrt{f(x)}$; $D_g = D_f$ **b)** h: $h(x) = [f(x)]^2$; $D_h = D_f$ **c)** k: $k(x) = \sin [f(x)]$; $D_k = D_f$

7. Gegeben ist die Funktion f: $f(x) = -2\sqrt{x}\,(x - 2)$; $D_f = D_{f\,max}$; ihr Graph ist G_f.

a) Ermitteln Sie die Koordinaten der Punkte, die G_f mit der x-Achse gemeinsam hat, sowie die Koordinaten des Hochpunkts von G_f.

b) Zeichnen Sie G_f und skizzieren Sie den Graphen der Funktion g: $g(x) = [f(x)]^2$; $D_g = D_f$.
Finden Sie durch Überlegen die Punkte, die G_g mit G_f gemeinsam hat, beschreiben Sie ihre Lage, ohne ihre Koordinaten zu berechnen.

8. Vorgelegt ist die Schar von Funktionen f_a: $f_a(x) = x(a - \sqrt{x})$; $a \in \mathbb{Z}$; $D_{f_a} = \mathbb{R}$.
Die Abbildung zeigt die Graphen von vier Funktionen dieser Schar. Geben Sie die vier Funktionsterme an.

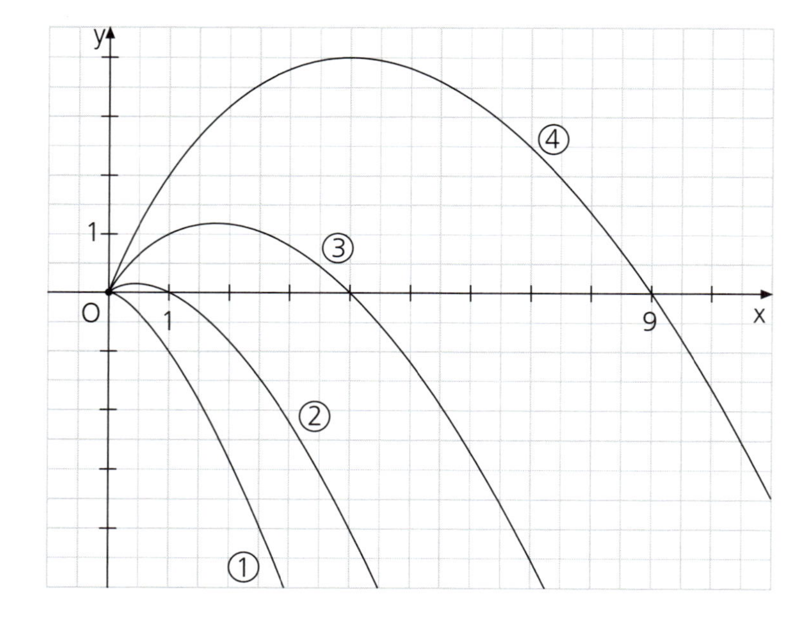

Natürliche Exponential- und Logarithmusfunktion

1. Bilden Sie jeweils $f'(x)$ und berechnen Sie sowohl $f(x_0)$ wie auch $f'(x_0)$.

	f(x)	x_0	$f'(x)$	$f(x_0)$	$f'(x_0)$
a)	$f(x) = 2e^x$	0			
b)	$f(x) = xe^x$	-1			
c)	$f(x) = \frac{x}{e^x}$	0			
d)	$f(x) = e^{\sin x}$	$\frac{\pi}{2}$			
e)	$f(x) = x + e^x$	1			
f)	$f(x) = (e^x - 1)^2$	0,5			
g)	$f(x) = (1 - e^x)^2$	3			
h)	$f(x) = x + e^x + (e^x)^2$	0			
i)	$f(x) = (e^x + e^{-x})^2$	-1			
j)	$f(x) = (e^x - e^{-x})^2$	1			
k)	$f(x) = \frac{e^x - e^{-x}}{e^x + e^{-x}}$	-1			
l)	$f(x) = (e^x + e^{-x})^{-2}$	0			
m)	$f(x) = e^{-\cos x}$	$\frac{\pi}{2}$			

2. Ordnen Sie jeweils dem Term f(x) seinen Ableitungsterm f'(x) und einen Stammfunktionsterm F(x) zu.

	f(x)
Y	$2e^{2x}$
L	$e^{\sin x} \cos x$
K	$2e^x(1 + e^x)$
W	$1 + \sin x$
U	$xe^x(2 + x)$
A	$e^x - e^{-x}$

	f'(x)
U	$2e^x + 4e^{2x}$
A	$\cos x$
H	$e^x(2 + 4x + x^2)$
A	$4e^{2x}$
A	$e^x + e^{-x}$
E	$[1 - \sin x - (\sin x)^2]e^{\sin x}$

	F(x)
O	$e^{\sin x}$
H	$(1 + e^x)^2$
L	$e^x + e^{-x}$
U	$x^2e^x + 2$
L	$x - \cos x$
K	$e^{2x} - e^2$

Lösungswörter:		
Y-A-K		

3. Ermitteln Sie jeweils die Lösungsmenge der Gleichung über der Grundmenge $\mathbb{R}$.

a)	$2^{x-1} = 4^{x-1}$	b)	$0{,}25 \cdot 2^x - 2 \cdot 2^{-x} = 0$
c)	$5(1 - 3^{-0{,}4x}) = 0$	d)	$3^{3x-4} = 81$
e)	$(e^x + 1)(3^x - 6) = 0$	f)	$4^x - 5 \cdot 2^x + 4 = 0$
g)	$2^{0{,}5x} = 4 - 2^{0{,}5x}$	h)	$5^{1-x} = 125$
i)	$0{,}5 \cdot 2^x = \frac{1}{8}$	j)	$e^x + e^{-x} = 2$
k)	$(e^x - 1)(e^x - 2) = 0$	l)	$(1 - e^{2x})(e^x - e^2) = 0$

4. Beschreiben Sie jeweils, wie aus dem Graphen der Exponentialfunktion f: $f(x) = e^x$; $D_f = \mathbb{R}$, der Graph der Funktion g, h bzw. k hervorgeht.

a) g: $g(x) = e^x - 1$; $D_g = \mathbb{R}$ **b)** h: $h(x) = e^{x-2}$; $D_h = \mathbb{R}$ **c)** k: $k(x) = 2 \cdot e^x$; $D_k = \mathbb{R}$

5. Gegeben ist die Funktion f: $f(x) = e^{g(x)}$: $D_f = D_{f\,max}$. Die zugehörige Ableitungsfunktion ist f': $f'(x) = g'(x) \cdot f(x)$; $D_{f'} = D_{f'\,max}$.
Ermitteln Sie jeweils durch Überlegen die Funktionsterme f(x) und g(x) zu

a) $f'(x) = 2x \cdot e^{x^2}$. **b)** $f'(x) = e^{\cos x} \cdot \sin x$. **c)** $f'(x) = -e^{-x}$.

6. Vorgelegt ist die Funktion f: $f(x) = (ax^2 + bx + c)e^x$; $a, b, c \in \mathbb{R}$; $D_f = \mathbb{R}$. Der Graph der Funktion f schneidet die y-Achse im Punkt T (0 | 1) und die x-Achse in den Punkten N_1 (1 | 0) und N_2 (3 | 0).
Ermitteln Sie die Werte der Parameter a, b und c.

7. a) Zeigen Sie, dass die Funktion F: $F(x) = \frac{1}{3}(x^2 - 6x + 9)e^x$; $D_F = \mathbb{R}$, eine Stammfunktion der Funktion f: $f(x) = \frac{1}{3}(x^2 - 4x + 3)e^x$; $D_f = \mathbb{R}$, ist.

b) Zeigen Sie, dass die Funktion f: $f(x) = \frac{1}{3}(x^2 - 4x + 3)e^x$; $D_f = \mathbb{R}$, eine Stammfunktion der Funktion g: $g(x) = \frac{1}{3}(x^2 - 2x - 1)e^x$; $D_g = \mathbb{R}$, ist.

8. Gegeben sind die vier Funktionen (jeweils mit $D_f = D_{f\,max}$)
(1) f: $f(x) = e^x(e^x + 1)$ (2) f: $f(x) = -xe^{x^2}$ (3) f: $f(x) = \frac{x}{x^2 + 1}$ (4) f: $f(x) = \frac{|x|}{x^2 - 1}$.
Finden Sie heraus, welcher Steckbrief auf welche dieser Funktionen zutrifft.

Steckbrief A
- $D_f = \mathbb{R}$
- $f(0) = 0$
- Der Graph G_f ist symmetrisch zum Ursprung
- $f(1) = -e$
- Der Graph verläuft durch den II. und durch den IV. Quadranten

Steckbrief B
- $D_f = \mathbb{R}$
- $f(0) = 0$
- Der Graph G_f ist symmetrisch zum Ursprung
- $2f(-1) = -1$
- Der Graph verläuft durch den III. und durch den I. Quadranten
- $\lim\limits_{x \to -\infty} f(x) = 0$

Steckbrief C
- Der Graph G_f ist symmetrisch zur y-Achse
- $f(0) = 0$
- Der Graph verläuft durch alle vier Quadranten
- $f(\sqrt{2}) = \sqrt{2}$
- f besitzt mehr als eine Definitionslücke

Steckbrief D
- $D_f = \mathbb{R}$
- $f(0) \neq 0$
- $\lim\limits_{x \to -\infty} f(x) = 0$
- $\lim\limits_{x \to \infty} f(x) = \infty$
- Der Graph verläuft durch den II. und durch den I. Quadranten
- $f(1) \neq f(-1)$

9. Der Graph der Funktion f: $f(x) = (4 - e^x) \cdot e^x$; $D_f = \mathbb{R}$, ist G_f.

a) Untersuchen Sie G_f auf Achsenpunkte sowie auf Extrempunkte und zeichnen Sie G_f.

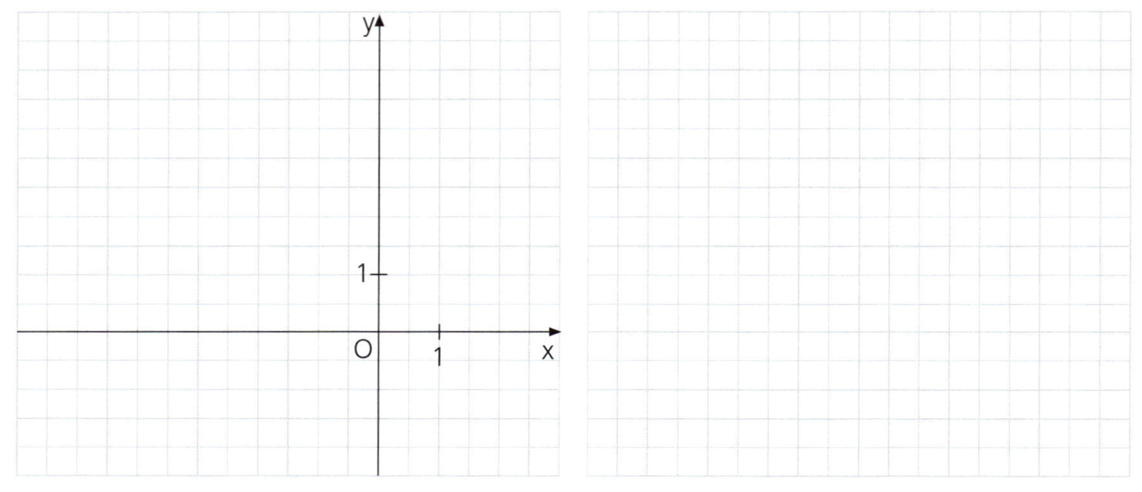

b) Geben Sie eine Gleichung der Tangente t_T an G_f in Punkt T (0| f(0)) an.

c) Berechnen Sie den Flächeninhalt des Vierecks mit den Eckpunkten O (0 | 0), B (ln 4 | f(ln 4)), S (ln 2 | f(ln 2)) und T(0| f(0)).

10. Beim radioaktiven Zerfall einer Substanz [ursprüngliche Masse: m(0) = 200 mg] ist $m(t) = 200\text{ mg} \cdot e^{-kt}$ die Masse der nach der Zeit t noch nicht zerfallenen Substanz.

a) Berechnen Sie den Wert der Zerfallskonstanten k, wenn die Halbwertszeit $t_H = 4{,}5$ Stunden ist.

b) Ermitteln Sie die Masse, die nach 27 Stunden zerfallen ist.

11. Dagobert legt einen Betrag von 100 000 € bei seiner Bank an. Dagoberts Kapital wird von ihr mit einem Zinssatz von $\frac{6}{360}$ % täglich verzinst.

a) Finden Sie heraus, wie viel Zinsen sein Kapital in einem Jahr bringt.

b) Nach wie vielen Jahren verdoppelt sich Dagoberts Kapital bei täglicher Verzinsung?

12. Vorgelegt ist die Funktion f: $f(x) = (1 - e^x)^2$; $D_f = \mathbb{R}$; ihr Graph ist G_f.

a) Untersuchen Sie G_f auf Achsenpunkte und auf Extrempunkte.

b) Ermitteln Sie eine Gleichung der Asymptote a von G_f, die Koordinaten des Schnittpunkts S dieser Asymptote a mit G_f sowie die Größe φ der spitzen Schnittwinkel von a und G_f.

c) Wenn Sie G_f um eine Einheit in Richtung der x-Achse nach rechts und um zwei Einheiten in Richtung der y-Achse nach oben verschieben, erhalten Sie den neuen Graphen G_{f^*}. Geben Sie den zugehörigen Funktionsterm $f^*(x)$ an.

13. Gegeben ist die Funktion f: $f(x) = e^{-x} + \frac{1}{4}xe^{-x}$; $D_f = \mathbb{R}$; ihr Graph ist G_f.

a) Ermitteln Sie die Koordinaten derjenigen Punkte, die G_f mit den Koordinatenachsen gemeinsam hat.

b) Untersuchen Sie das Monotonieverhalten von G_f sowie das Verhalten von f für $x \to \pm\infty$.

x	$-\infty < x < \square$	$x = \square$	$\square < x < \infty$
f'(x)			
Vorzeichenwechsel von f'(x)			
G_f			

Zeichnen Sie G_f.

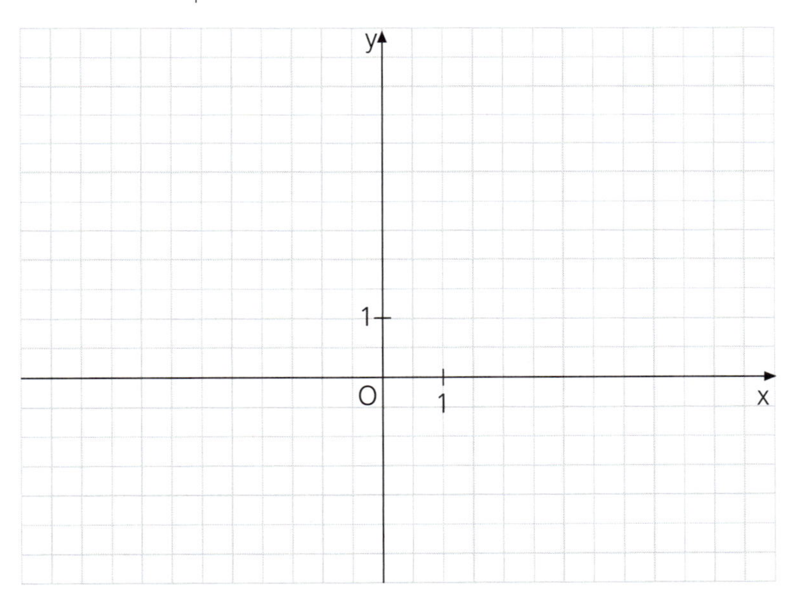

c) Die Graphpunkte N (x_N I 0), T (0 I f(0)), und E (–3 I f(–3)) sind die Eckpunkte des Dreiecks NTE; berechnen Sie seinen Flächeninhalt A_{TNE}.

d) Ermitteln Sie eine Gleichung der Parallelen p zu NT durch E. Wie ändert sich der Flächeninhalt des Dreiecks NTE, wenn sich der Punkt E auf der Geraden p bewegt, die Punkte N und T aber unverändert bleiben? Geben Sie eine Begründung an.

1. Bilden Sie jeweils $f'(x)$ und berechnen Sie dann $f'(x_0)$ ($D_f = D_{f\,max}$).

	f(x)	x_0	f'(x)	$f'(x_0)$
a)	$f(x) = \ln(2x)$	0,5		
b)	$f(x) = \ln(x^2 + 3)$	1		
c)	$f(x) = x \ln x$	e		
d)	$f(x) = (\ln x)^2$	2		
e)	$f(x) = 2x \cdot \ln[(4x)^2]$	0,25		
f)	$f(x) = 2\ln(x + a);\ a \in \mathbb{R}^+$	a + 1		
g)	$f(x) = \frac{e^{\sqrt{x}}}{\sqrt{x}}$	4		
h)	$f(x) = x \cdot e^{1 - x^2}$	1		
i)	$f(x) = e^{\ln x}$	10		
j)	$f(x) = x(\ln x)^2$	e^2		
k)	$f(x) = x + x \ln x$	e^{-1}		
l)	$f(x) = \frac{1}{\ln x}$	e		
m)	$f(x) = \ln(\ln x)$	e		
n)	$f(x) = \ln(\sin x)$	$\frac{\pi}{2}$		

2. Ordnen Sie jedem der Graphen ① bis ④ die passende Funktionsgleichung zu.

A: $y = 2 + \ln x$ B: $y = \ln (2 - x)$ C: $y = \ln (x + 2)$ D: $y = \ln x - 2$

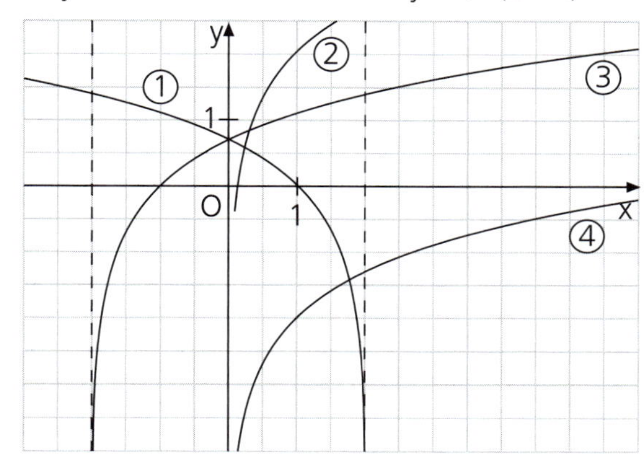

Graph	①	②	③	④
Funktionsgleichung				

3. Finden Sie zu jeder der vier Funktionsgleichungen den passenden Funktionsgraphen.

(1) $y = x \ln x$ (2) $y = (\ln x)^2$ (3) $y = \ln (x^2 - 1)$ (4) $y = \frac{1}{\ln (x^2 + 1)}$

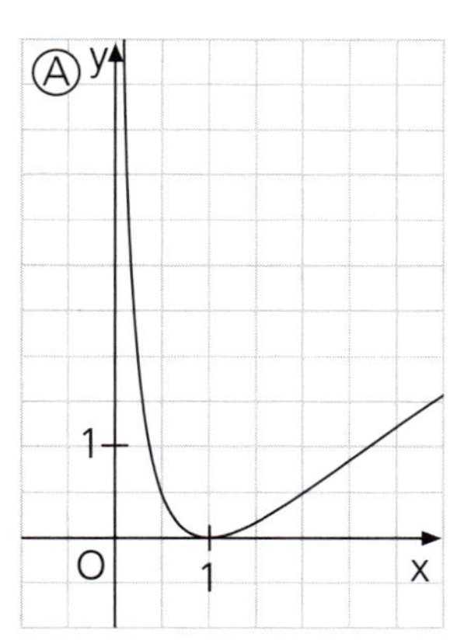

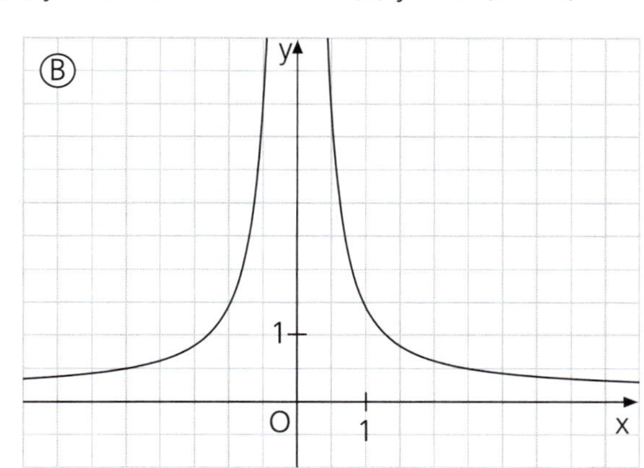

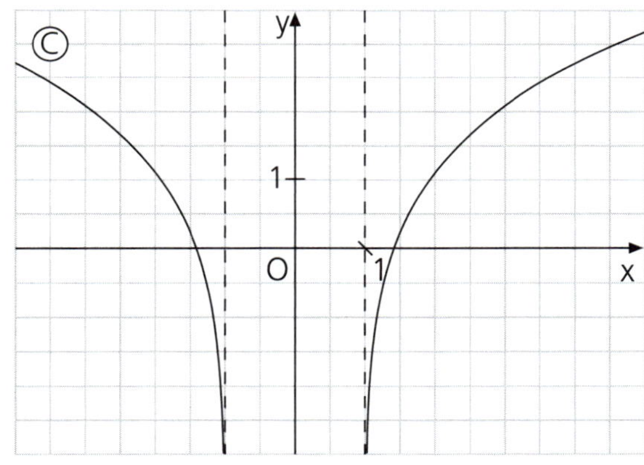

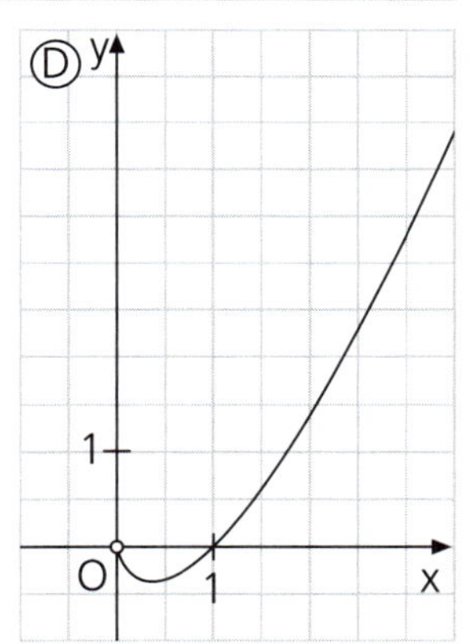

Funktionsgleichung	(1)	(2)	(3)	(4)
Graph				

4. Ermitteln Sie jeweils die Ableitungsfunktion möglichst günstig.

	Funktionsterm f(x); $D_f = D_{f\,max}$	f′(x)
a)	$f(x) = (\ln e)^x =$	
b)	$f(x) = \ln(e^x) =$	
c)	$f(x) = e^2 \ln(x^2)$	
d)	$f(x) = 2^{2\ln x} =$	
e)	$f(x) = e^2 \cdot e^{\ln x} =$	

5. Ergänzen Sie die Tabelle.

	Funktionsterm f(x) und Definitionsmenge	Verhalten von f für $x \to \infty$	Verhalten von f für $x \to -\infty$	Verhalten von f für
a)	$f(x) = \ln(2x)$; $D_f = \mathbb{R}^+$	$f(x) \to \infty$	———	$x \to 0+$: $f(x) \to -\infty$
b)	$f(x) = \ln(x^2 + 3)$; $D_f = \mathbb{R}^+$			$x \to 0+$: $x \to 0-$:
c)	$f(x) = x \ln x$; $D_f = \mathbb{R}^+$			$x \to 0+$:
d)	$f(x) = (\ln x)^2$; $D_f = \mathbb{R}^+$			$x \to 0+$:
e)	$f(x) = x^2$; $D_f = \mathbb{R}$			$x \to 0+$: $x \to 0-$:

6. Ermitteln Sie jeweils die Lösungsmenge über der Grundmenge G.

a) $\ln \frac{x-2}{x^2} = 0$; $G =]2; \infty[$

b) $(\ln x)^2 = 4$; $G = \mathbb{R}^+$

c) $\ln x + 2 \ln x = 6$; $G = \mathbb{R}^+$

d) $(\ln x)^2 - 2 \ln x - 8 = 0$; $G = \mathbb{R}^+$

e) $\ln \frac{2+x}{2-x} = 0$; $G =]-2; 2[$

f) $\ln(x^2 - 8) = 0$; $G = \mathbb{R} \setminus [-2\sqrt{2}; 2\sqrt{2}]$

g) $e^{2x} - e^x - 12 = 0$; $G = \mathbb{R}$

h) $(\ln x)^2 + 3 \ln x - 4 = 0$; $G = \mathbb{R}^+$

i) $\frac{1 + 2\ln x}{x} = 0$; $G = \mathbb{R}^+$

j) $\frac{\ln x}{\ln(1-x)} = 1$; $G =]0; 1[$

7. Das Fassungsvermögen eines Tanks beträgt 1 200 Liter. Die Flüssigkeitsmenge im Tank zum Zeitpunkt t wird durch die Funktion f mit $f(t) = 1\,000 - 800 \cdot e^{-0{,}01t}$ und $t \geqq 0$ [t in Minuten, f(t) in Litern] beschrieben.

a) Zu welchem Zeitpunkt ist der Behälter zur Hälfte gefüllt?

b) Zeigen Sie, dass die Flüssigkeitsmenge im Behälter stets zunimmt, und bestimmen Sie die mittlere Flüssigkeitsmenge während der ersten Stunde.

c) Aus Sicherheitsgründen darf die Flüssigkeitsmenge höchstens 85% des Fassungsvermögens betragen. Wird diese Vorschrift zu jeder Zeit eingehalten? Begründen Sie Ihre Antwort.

8. Vorgelegt ist die Funktion f: $f(x) = x \cdot \ln(x^2)$; $D_f = \mathbb{R}\setminus\{0\}$; ihr Graph ist G_f.

a) Untersuchen Sie das Verhalten von f für $x \to 0+$ und für $x \to 0-$ sowie für $x \to \infty$ und für $x \to -\infty$.

b) Zeigen Sie, dass G_f punktsymmetrisch zum Ursprung ist.

c) Ermitteln Sie die Koordinaten der Punkte, die G_f mit der x-Achse gemeinsam hat, sowie die Koordinaten der Extrempunkte von G_f.

d) Zeichnen Sie G_f.

e) Die Tangente an G_f im Punkt $N_1\,(-1 \mid f(-1))$ schneidet die y-Achse im Punkt T_1; die Tangente an G_f im Punkt $N_2\,(1 \mid f(1))$ schneidet die y-Achse im Punkt T_2. Geben Sie mindestens drei Eigenschaften des Vierecks $N_1T_2N_2T_1$ an und berechnen Sie seinen Flächeninhalt sowie seine Umfangslänge.

f) Zeigen Sie, dass die Funktion F: $F(x) = \frac{1}{2}x^2[\ln(x^2) - 1]$; $D_F = \mathbb{R}\setminus\{0\}$, eine Stammfunktion der Funktion f ist.

9. Gegeben ist die Funktion f: $f(x) = \ln(4 + x) - \ln(4 - x)$; $D_f =]-4; 4[$; ihr Graph ist G_f.

a) Berechnen Sie die Koordinaten der Achsenpunkte von G_f.

b) Zeigen Sie, dass G_f punktsymmetrisch zum Ursprung ist.

c) Untersuchen Sie das Monotonieverhalten von f.

d) Ermitteln Sie die Größe φ der spitzen Winkel, die die Tangente an G_f im Ursprung mit der x-Achse bildet.

e) Zeichnen Sie G_f.

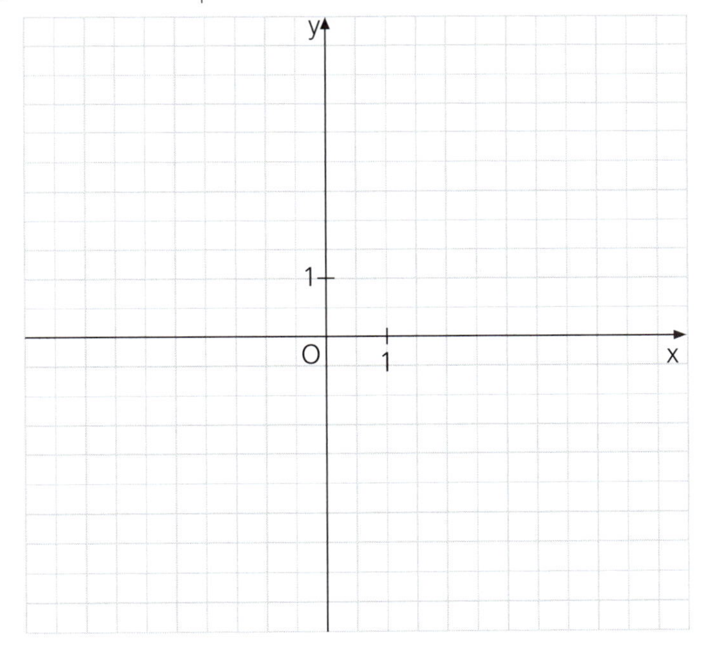

f) Begründen Sie, dass die Funktion f umkehrbar ist, ermitteln Sie $f^{-1}(x)$ und tragen Sie den Graphen der Umkehrfunktion von f in das Koordinatensystem ein. Finden Sie die Größe φ^* des spitzen Winkels heraus, unter denen die Graphen G_f und $G_{f^{-1}}$ einander im Ursprung schneiden.

1. Tragen Sie jeweils $f'(x)$ sowie $f(x_0)$ und $f'(x_0)$ in die Tabelle ein ($D_f = D_{f\,max}$).

	f(x)	x_0	f'(x)	$f(x_0)$	$f'(x_0)$
a)	$f(x) = e^x(x-2)$	2			
b)	$f(x) = 2e^x - e^{2x}$	0			
c)	$f(x) = x^2e^{-x}$	1			
d)	$f(x) = e^{\ln(x^2)}$	e			
e)	$f(x) = (1 + e\sqrt{x})^2$	9			
f)	$f(x) = \ln(2x) - \ln(3x)$	10			
g)	$f(x) = \ln\frac{1}{x}$	4			
h)	$f(x) = e(e-x)$	e^2			
i)	$f(x) = e^x(e^2-2)$	–1			
j)	$f(x) = (1-\sqrt{6x})^3$	6			
k)	$f(x) = 1 + \ln\sqrt{ex}$	e			
l)	$f(x) = \frac{e^x - e^{-x}}{2}$	1			
m)	$f(x) = (\ln x)^2$	2			
n)	$f(x) = \ln(x^2)$	–2			

2. Vorgelegt ist die Funktion f: $f(x) = x^2e^x$; $D_f = \mathbb{R}$. Die Abbildungen zeigen den Graphen G_f der Funktion f bzw. den Graphen $G_{f'}$ ihrer Ableitungsfunktion bzw. den Graphen G_F einer ihrer Stammfunktionen bzw. den Graphen G_g der Funktion g: $g(x) = x \cdot f(x)$; $D_g = \mathbb{R}$.
Ordnen Sie den Funktionen f, f', F und g die Graphen ① bis ④ passend zu.

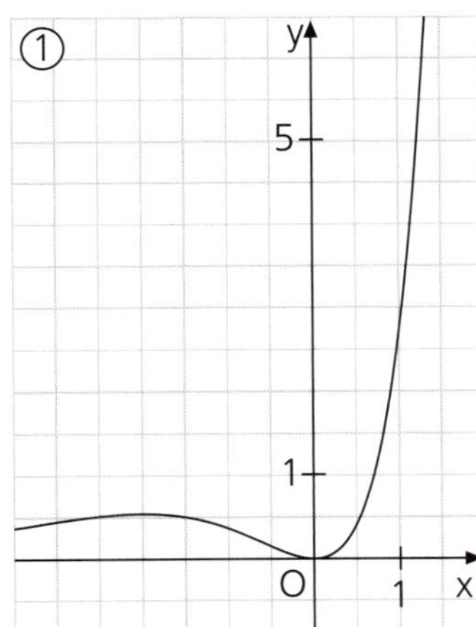

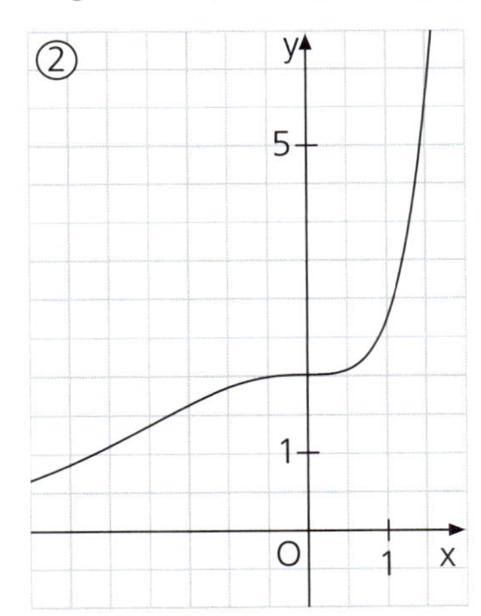

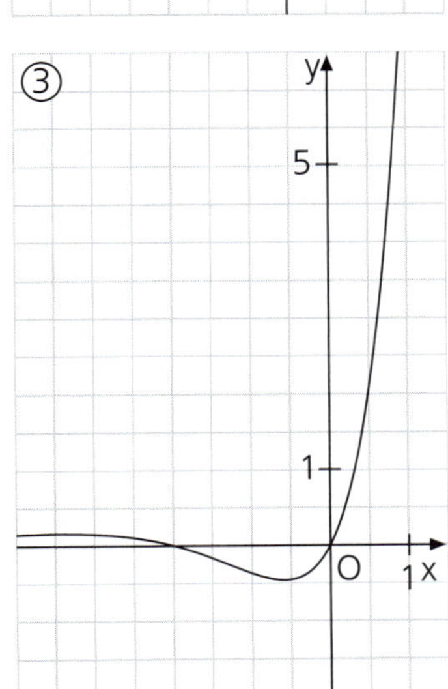

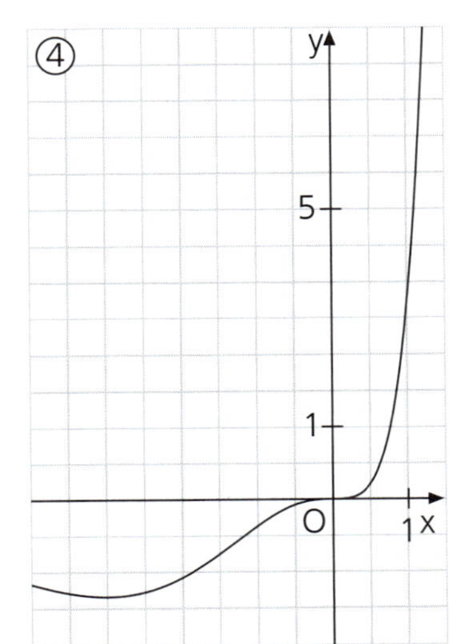

Zuordnung:

f	f'	F	g

3. Gegeben ist die Funktion f: $f(x) = x^3 - x$; $D_f = \mathbb{R}$, und ihr Graph G_f sowie die Funktion g: $g(x) = f(e^x) = (e^x)^3 - e^x = e^{3x} - e^x$; $D_g = \mathbb{R}$.
Tragen Sie ihren Graphen G_g in das Koordinatensystem ein.
Finden Sie Gemeinsamkeiten und Unterschiede der Graphen G_f und G_g.

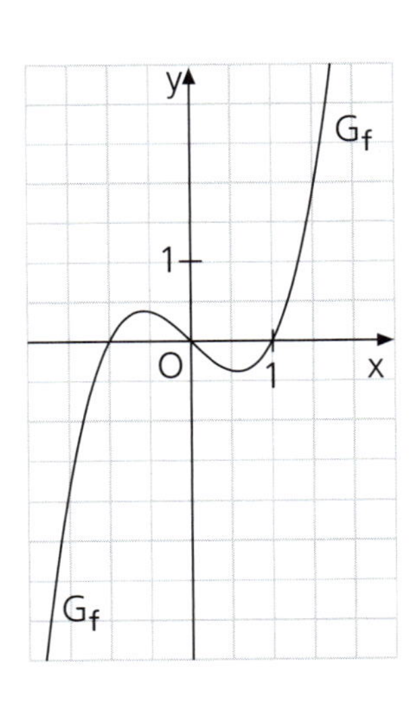

4. Vorgelegt ist die Funktion f: $f(x) = \frac{4}{x^2} \ln \frac{1}{x}$; $D_f = \mathbb{R}^+$; ihr Graph ist G_f.

a) Ermitteln Sie die Koordinaten des Punkts S, den G_f mit der x-Achse gemeinsam hat, sowie Lage und Art des Extrempunkts von G_f.

b) Finden Sie die Wertemenge W_f heraus und geben Sie eine Begründung für Ihr Ergebnis an.

c) Zeigen Sie, dass die Funktion F: $F(x) = \frac{4}{x}(1 + \ln x)$; $D_F = \mathbb{R}^+$, eine Stammfunktion von f ist.

5. Der Graph der Funktion f: $f(x) = 1 - (\ln x)^2$; $D_f = \mathbb{R}^+$, ist G_f.

a) Ermitteln Sie die Koordinaten der beiden Punkte N_1 und N_2 ($x_{N_1} < x_{N_2}$), die G_f mit der x-Achse gemeinsam hat.

b) Untersuchen Sie das Monotonieverhalten von G_f und stellen Sie es in der Tabelle dar.

x	$0 < x <$	$x =$	$< x <$
f'(x)			
Vorzeichenwechsel von f'(x)			
G_f			

c) Untersuchen Sie das Verhalten von f für $x \to 0+$ sowie für $x \to \infty$ und geben Sie W_f an.

d) Ermitteln Sie eine Gleichung der Tangente t_N an G_f im Punkt N_2 [vgl. Teilaufgabe a)]; t_N schneidet die y-Achse im Punkt T. Das Dreieck TON_2 mit O (0 | 0) rotiert zunächst um die x-Achse und dann um die y-Achse. Finden Sie heraus, welcher der beiden dabei entstehenden Rotationskörper das größere Volumen besitzt, ohne die beiden Volumina zu berechnen.

e) Das Dreieck TON_2 mit O (0 | 0) rotiert um die Gerade TN_2. Beschreiben Sie Ihre Vorgehensweise zur Ermittlung des Volumens des entstehenden Rotationskörpers.

f) Zeigen Sie, dass die Funktion F: $F(x) = -x(\ln x - 1)^2$; $D_F = \mathbb{R}^+$, eine Stammfunktion von f ist. Finden Sie heraus, welcher der drei Funktionsgraphen G_F ist, und begründen Sie Ihre Entscheidung.

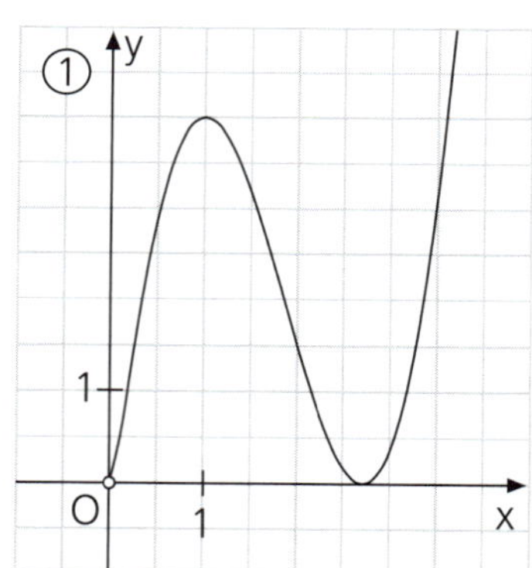

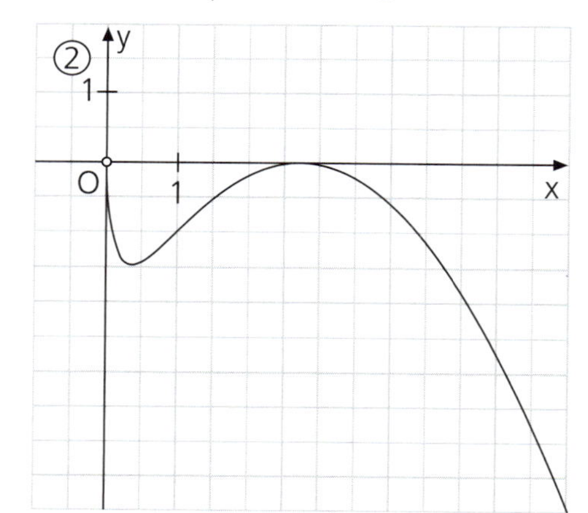

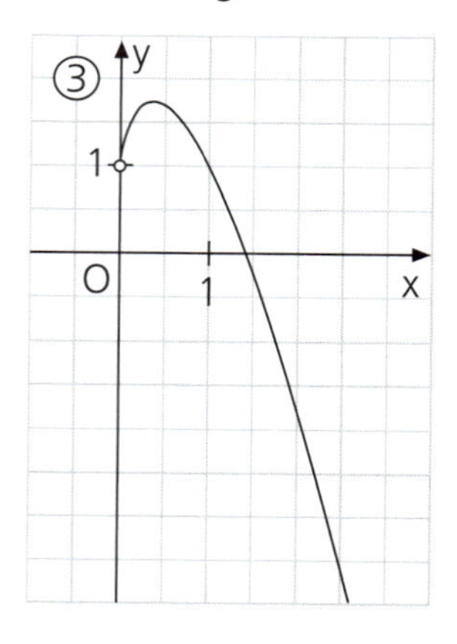

Kapitel 6

Der Wahrscheinlichkeitsbegriff

Axiomatische Definition der Wahrscheinlichkeit – Wahrscheinlichkeit verknüpfter Ereignisse

1. Zeigen Sie unter Verwendung der Axiome von Kolmogorow, dass $P(\overline{A}) = 1 - P(A)$ ist.
Definition des Gegenereignisses $\overline{A}$ von A:

(1) $A \cap \overline{A}$ = __________; (2) $A \cup \overline{A}$ = __________

Wegen (1) gilt nach Axiom III: $P(A \cup \overline{A})$ = ____________________ (1'), und

wegen (2) gilt nach Axiom __________ : $P(A \cup \overline{A})$ = __________ = ____ (2').

Aus (1') und (2') folgt $P(A) + P(\overline{A})$ = __________ ; $| -P(A)$

somit ist $P(\overline{A})$ = ____________ .

2. Zeigen Sie unter Verwendung der Axiome von Kolmogorow, dass $P(\emptyset) = 0$ ist ($\emptyset = \{\,\}$).

Es gilt (1) $\Omega \cap \emptyset$ = ____________ und (2) $\Omega \cup \emptyset$ = ____________.

Wegen (1) gilt nach Axiom III: $P(\Omega \cup \emptyset)$ = ______________ (1'), und

wegen (2) gilt nach Axiom ________: $P(\Omega \cup \emptyset)$ = ____________ = __________ (2').

Aus (1') und (2') folgt $1 + P(\emptyset)$ = __________; $| -1$

somit ist $P(\emptyset)$ = __________.

3. Ein „gezinkter" Spielwürfel wird einmal geworfen. Bekannt sind die Wahrscheinlichkeiten $P(\{1;\,2\}) = \frac{1}{4}$; $P(\{3\}) = \frac{1}{3}$; $P(\{1;\,4;\,6\}) = \frac{5}{12}$; $P(\{1;\,2;\,4\}) = \frac{1}{2}$; $P(\{1;\,2;\,4;\,6\}) = \frac{7}{12}$ und $P(\{5;\,6\}) = \frac{1}{6}$.

a) Berechnen Sie die Wahrscheinlichkeiten für die einzelnen Augenanzahlen und tragen Sie sie in die Tabelle ein.

Augenanzahl n	1	2	3	4	5	6
Wahrscheinlichkeit P({n})			$\frac{1}{3}$			

b) Zeigen Sie, dass das Kolmogorow-Axiom II erfüllt ist.

4. Für die Ereignisse A und B gilt $P(A) = \frac{3}{8}$, $P(B) = \frac{1}{2}$ sowie $P(A \cap B) = \frac{1}{4}$.

a) Ergänzen Sie die Vierfeldertafel.

b) Ermitteln Sie die Wahrscheinlichkeiten
(1) p_1 = P(„Das Ereignis A oder das Ereignis B tritt ein"),
(2) p_2 = P(„Entweder das Ereignis A oder das Ereignis B tritt ein"),
(3) $p_3 = P_A(B)$ und
(4) $p_4 = P_B(A)$.

p_1	p_2	p_3	p_4

5. Für das einmalige Werfen eines „gezinkten" Spielwürfels gilt:

Augenanzahl	1	2	3	4	5	6
Wahrscheinlichkeit	$\frac{1}{6}$	$\frac{2}{15}$	$\frac{1}{6}$	$\frac{1}{5}$	$\frac{2}{15}$	

Ergänzen Sie die Tabelle und ermitteln Sie dann die Wahrscheinlichkeiten der Ereignisse
E_1: „Die Augenanzahl ist gerade",
E_2: „Das Quadrat der Augenanzahl ist größer als 20",
$E_3 = \overline{E_1}$,
E_4: „Die Augenanzahl ist gleich dem Quadrat einer Primzahl" und
E_5: „Die Augenanzahl ist der Produktwert zweier Primzahlen".

6. Gegeben ist $P(A) = 0{,}75$, $P(\overline{B}) = 0{,}4$ und $P(\overline{A} \cap \overline{B}) = 0{,}2$.
Ergänzen Sie die Vierfeldertafel und ermitteln Sie dann

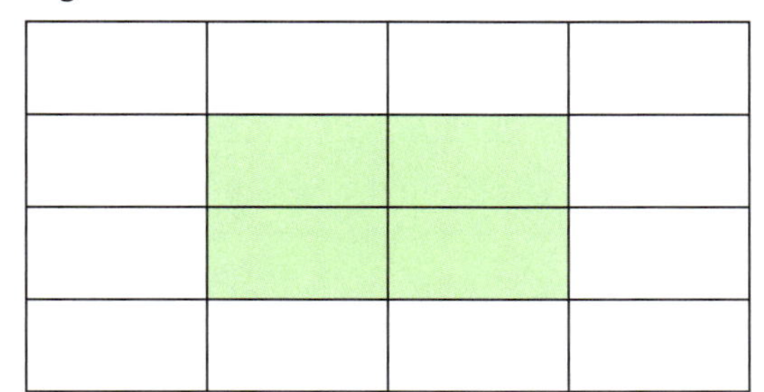

a) $P(\overline{A})$.
b) $P(A \cup B)$.
c) $P(A \cap \overline{B})$.
d) $P(\overline{A} \cup \overline{B})$.
e) P(„Entweder A oder B").
f) P(„Entweder $\overline{A}$ oder B").

7. Tina wirft dreimal eine Münze: Zuerst eine Laplace-Münze, dann eine „gezinkte" Münze (die Wahrscheinlichkeit, mit ihr **Z**ahl zu werfen, ist nur 48%) und dann nochmals die Laplace-Münze. Erstellen Sie ein beschriftetes Baumdiagramm und ermitteln Sie dann die Wahrscheinlichkeiten der fünf Ereignisse
E_1: „Mindestens einmal erscheint **Z**ahl",
E_2: „Beim Werfen der Laplace-Münze erscheint mindestens einmal **Z**ahl",
E_3: „Beim Werfen der Laplace-Münze erscheint zweimal **Z**ahl",
E_4: „Dreimal erscheint **W**appen" und
E_5: „Mehr als einmal erscheint **W**appen".

8. In den 11. Klassen des Felix-Klein-Gymnasiums gibt es u. a. **S**nowboarder und **A**lpinskifahrer. 85% der Schüler betreiben mindestens eine dieser Sportarten; 50% sind **A**lpinskifahrer, aber keine Snowboarder, und 90% betreiben höchstens eine dieser Sportarten.
Aus den Namenslisten der 11. Klassen wird ein Schüler zufällig ausgewählt. Mit welcher Wahrscheinlichkeit ist er ein **A**lpinskifahrer, mit welcher ein **S**nowboarder?

9. Das Kopfschmerzmittel AUA führt erfahrungsgemäß in 10% der Anwendungen zu Nebenwirkungen. Ein Arzt hat an einem Tag dieses Medikament 12-mal verordnet.

a) Wie groß ist die Wahrscheinlichkeit, dass es bei mindestens einem (bzw. genau einem) der zwölf Patienten zu Nebenwirkungen kommt?

Das Magenschmerzmittel OWEH führt erfahrungsgemäß in 8% der Anwendungen zu Nebenwirkungen. Maximilian hat beide Medikamente erhalten, die einander in ihrer Wirkung nicht beeinflussen.

b) Mit welcher Wahrscheinlichkeit kommt es bei ihm
(1) nicht zu Nebenwirkungen?
(2) zu Nebenwirkungen nur von AUA?
(3) zu Nebenwirkungen von mindestens einem der Medikamente?
(4) zu Nebenwirkungen von höchstens einem der Medikamente?

1. 100 Schüler und Schülerinnen des Emmy-Noether-Gymnasiums wurden befragt, ob sie (mindestens) ein **H**austier besitzen. Von den 60 **M**ädchen kreuzten 26 die Antwort „Ja" an; 29 der **J**ungen gaben an, kein **H**austier zu besitzen.

a) Erstellen Sie eine Vierfeldertafel.

b) Aus den 100 Schülern / Schülerinnen wird eine Person zufällig ausgewählt.
Wie groß ist die Wahrscheinlichkeit, dass die ausgewählte Person
(1) ein Mädchen ist, wenn man weiß, dass sie ein Haustier besitzt?
(2) kein Haustier besitzt, wenn man weiß, dass ein Junge ausgewählt wurde?

2. Nina fährt an der Hälfte aller Schultage mit dem Bus in die Schule; an 70% dieser Tage kommt sie pünktlich zur Schule. Insgesamt kommt sie aber nur an 60% aller Schultage pünktlich.
Heute kommt Nina pünktlich zur Schule. Finden Sie heraus, mit welcher Wahrscheinlichkeit sie heute den Bus benutzt hat.

3. An einer Universität sind 45% der Studierenden **F**rauen; 40% der Studentinnen rauchen, und 24% aller Studierenden sind männliche **N**ichtraucher.

a) Ergänzen Sie die Vierfeldertafel

b) Im Biologieseminar hält eine Studentin ein Referat. Mit welcher Wahrscheinlichkeit ist sie Nichtraucherin?

c) In einem Medizinseminar hält eine (selbst nicht rauchende) Person ein Referat über „Rauchen und Lungenkrebs". Mit welcher Wahrscheinlichkeit wird das Referat von einem Studenten gehalten?

	Frauen	**M**änner	
N	5%	31%	36%
$\overline{N}$	40%	24%	64%
	45%	55%	100%

4. Ein neu eröffnetes Fitnessstudio lässt seine Prospekte bei drei verschiedenen Druckereien herstellen: Druckerei A erhält 50%, Druckerei B 30% und Druckerei C 20% der Aufträge.

a) Veranschaulichen Sie die Anteile in einem Kreisdiagramm.

Bei der Druckerei A treten 3% Fehldrucke, bei der Druckerei B 4% Fehldrucke auf; insgesamt beträgt der Anteil der Fehldrucke 3,7%.

b) Wie viel Prozent Fehldrucke enthält die Lieferung der Druckerei C?

c) Bei der Verteilung der Prospekte erhält Frau Styler einen Fehldruck. Finden Sie jeweils heraus, mit welcher Wahrscheinlichkeit er von der Druckerei A bzw. von der Druckerei B bzw. von der Druckerei C stammt. Veranschaulichen Sie diese drei Wahrscheinlichkeiten in einem Kreisdiagramm und vergleichen Sie es mit dem Kreisdiagramm von Teilaufgabe a).

5. Das Otto-Hahn-Gymnasium feiert den 50. Jahrestag seiner Gründung. An der Festveranstaltung nehmen 60% aller Schüler und Schülerinnen teil. Anlässlich des Jubiläums erscheint außerdem ein erweiterter Jahresbericht. Von den Schülern / Schülerinnen, die die Festveranstaltung besuchen, kaufen (etwa) 75% den Jahresbericht; von denen, die die Festveranstaltung nicht besuchen, erwerben (etwa) 60% den Jahresbericht.

a) Tina (eine zufällig ausgewählte Schülerin) kauft den Jahresbericht. Mit (etwa) welcher Wahrscheinlichkeit nimmt sie an der Festveranstaltung teil?

b) Tom (ein zufällig ausgewählter Schüler) besucht die Festveranstaltung. Mit (etwa) welcher Wahrscheinlichkeit kauft er den Jahresbericht nicht?

6. In einer Computerfirma sind 40% aller Angestellten Frauen; 60% dieser Frauen haben einen Hochschulabschluss. Insgesamt haben 70% aller Angestellten einen Hochschulabschluss. Finden Sie heraus, wie viel Prozent der männlichen Angestellten einen Hochschulabschluss besitzen.

7. Die Abbildung zeigt ein Netz eines Laplace-Spielwürfels. Dieser L-Würfel wird einmal geworfen.

	4	
6	2	1
	3	
	5	

a) Geben Sie die Wahrscheinlichkeit an, dass eine Sechs geworfen wird.

Wie groß ist die Wahrscheinlichkeit, dass eine Sechs geworfen wurde, wenn bekannt ist,

b) dass eine grüne Fläche oben liegt? c) dass keine Primzahl geworfen wurde?

8. 40% der Mitglieder eines Sportvereins sind Frauen; 30% dieser Frauen und 45% der männlichen Mitglieder dieses Sportvereins spielen Tennis.

a) Ergänzen Sie die Vierfeldertafel.

	Frau	Mann	
spielt Tennis			
spielt nicht Tennis			

Ein Mitglied dieses Sportvereins wurde zufällig ausgewählt.

b) Wie groß ist die Wahrscheinlichkeit, dass eine Tennisspielerin ausgewählt wurde?

Bei der zufälligen Auswahl wurde ein Mann ausgewählt.

c) Wie groß ist die Wahrscheinlichkeit, dass er Tennisspieler ist?

9. In einer Bevölkerung sind 4% aller Männer und 1% aller Frauen farbenblind.

a) Wie groß muss eine Stichprobe von zufällig ausgewählten Männern sein, damit mit einer Wahrscheinlichkeit von mehr als 50% mindestens einer farbenblind ist?

b) Um eine offene Stelle bewerben sich zehn Personen, darunter drei Frauen. Die Testunterlagen einer zufällig unter den zehn Bewerbungen ausgewählten Person ergeben, dass diese Person farbenblind ist. Mit welcher Wahrscheinlichkeit handelt es sich um eine Frau?

10. Auf zwei Urnen sind 20 bist auf ihre Farbe völlig gleichartige Kugeln verteilt, nämlich 2 rote, 4 blaue, 6 grüne und 8 schwarze Kugeln. Die Urne 1 enthält die 2 roten und die 4 blauen sowie 4 der grünen Kugeln; die Urne 2 enthält die übrigen 2 grünen und alle 8 schwarzen Kugeln.
Simon wählt zuerst „blind" eine Urne und zieht dann aus ihr nacheinander ohne Zurücklegen „blind" zwei Kugeln; beide Kugeln sind grün.
Mit welcher (bedingten) Wahrscheinlichkeit stammen sie aus der Urne 1, mit welcher (bedingten) Wahrscheinlichkeit stammen sie aus der Urne 2?

11. Untersuchungen haben ergeben, dass in Bayern in der Sekundarstufe I 35% der Schülerinnen und Schüler die Hauptschule, 35% das Gymnasium und 30% die Realschule besuchen. In der Sekundarstufe I sind 16% aller Jugendlichen Raucher; in der Hauptschule etwa 24%, am Gymnasium etwa 7%.

a) Finden Sie heraus, wie hoch die Raucherquote in der Sekundarstufe I an Realschulen ist.

b) Ein zufällig aus der Sekundarstufe I ausgewählter Jugendlicher ist Raucher. Mit welcher Wahrscheinlichkeit besucht er ein Gymnasium?

1. a) An einem Einstellungstest nahmen 200 Jugendliche, darunter 75 Mädchen, teil. Insgesamt erreichten 80 der teilnehmenden Personen, darunter 25 Mädchen, mehr als 75% der Höchstpunktzahl.
Zeigen Sie, dass die Ereignisse
E_1: „Ein zufällig ausgewählter Jugendlicher ist ein Mädchen" und
E_2: „Ein zufällig ausgewählter Jugendlicher hat mehr als 75% der Höchstpunktzahl erreicht"
voneinander stochastisch abhängig sind.

b) An einem Einstellungstest nahmen 200 Jugendliche, darunter 75 Mädchen, teil. Insgesamt erreichten 80 der teilnehmenden Personen mehr als 75% der Höchstpunktzahl. Ergänzen Sie die Vierfeldertafel so, dass die Ereignisse
E_1: „Ein zufällig ausgewählter Jugendlicher ist ein Mädchen" und
E_2: „Ein zufällig ausgewählter Jugendlicher hat mehr als 75% der Höchstpunktzahl erreicht"
voneinander stochastisch unabhängig sind.

a)

	M	J	
erreicht mehr als 75% der Höchstpunktzahl			80
erreicht höchstens 75% der Höchstpunktzahl			
	75		200

b)

	M	J	
erreicht mehr als 75% der Höchstpunktzahl			
erreicht höchstens 75% der Höchstpunktzahl			

2. Die Firma ELON produziert (nur) an den drei Maschinen M_1, M_2 und M_3 Speicherchips. An der Gesamtproduktion ist M_1 mit 40% und M_2 mit 50% beteiligt. Der Ausschussanteil ist bei M_1 6%, bei M_2 3% und bei M_3 11%.

a) Ermitteln Sie den Ausschussanteil an der Gesamtproduktion.

b) Ein zufällig ausgewählter Speicherchip stellt sich als defekt heraus. Mit welcher Wahrscheinlichkeit stammt er von der Maschine M_1?

c) Finden Sie heraus, ob die Ereignisse
E_1: „Ein zufällig ausgewählter Speicherchip stammt von der Maschine M_1" und
E_2: „Ein zufällig ausgewählter Speicherchip ist einwandfrei"
voneinander unabhängig sind.

3. Die Ereignisse A und B sind jeweils voneinander unabhängig. Ergänzen Sie die Vierfeldertafeln.

a)

	A	$\overline{A}$	
B			0,70
$\overline{B}$			
	0,20		1,00

b)

	A	$\overline{A}$	
B			
$\overline{B}$			0,25
	0,40		1,00

c)

	A	$\overline{A}$	
B	0,12		
$\overline{B}$			
		0,60	1,00

d)

	A	$\overline{A}$	
B			0,10
$\overline{B}$			
			1,00

$P(A \cup B) = 0{,}60$

4. Ein Laplace-Tetraeder trägt auf seinen vier Flächen die Zahlen 1; 2; 2 bzw. 3. Otti „würfelt" zweimal mit ihm; die Zahl auf der unten liegenden Fläche gilt als geworfen. Gewinnentscheidend ist der Wert der Summe der beiden geworfenen Zahlen.

a) Ermitteln Sie mithilfe des Baumdiagramms die Wahrscheinlichkeit für jeden der möglichen Summenwerte.

b) Untersuchen Sie, ob die Ereignisse
E_1: „Der Summenwert ist eine gerade Zahl" und
E_2: „Beim ersten Wurf wurde die Zahl 1 geworfen"
voneinander unabhängig sind.

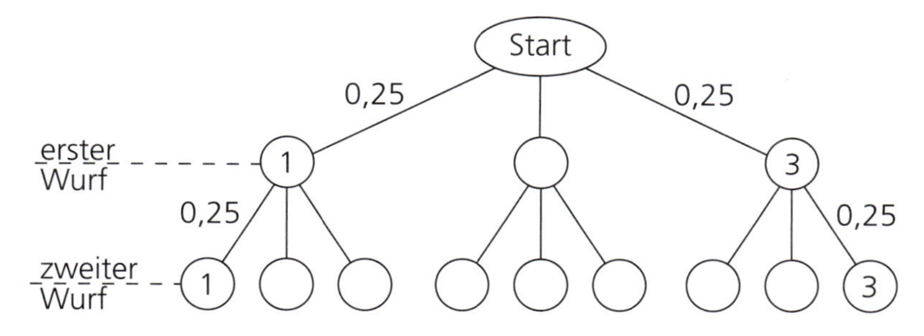

Summenwert	2								6
Wahrscheinlichkeit	$\frac{1}{16}$								$\frac{1}{16}$

5. Von den an einem Ärztekongress teilnehmenden Personen sind 40% **M**änner; 75% der Männer fahren mit dem **A**uto zum Tagungsort, während 50% der an diesem Kongress teilnehmenden Frauen mit dem Zug zum Tagungsort kommen.

	M	**F**	
kommt mit dem **A**uto			
kommt mit dem **Z**ug			

Untersuchen Sie, ob die Ereignisse
E_1: „Teilnehmende Person ist eine **F**rau" und
E_2: „Teilnehmende Person kommt mit dem **Z**ug"
voneinander abhängig sind.

6. Eine Umfrage unter den 449 Schülern und 547 Schülerinnen des Emmy-Noether-Gymnasiums ergab, dass 107 Jungen und 129 Mädchen eine Brille tragen. Bei 225 Schülern/Schülerinnen dieses Gymnasiums tragen beide Eltern eine Brille; in 82 dieser Fälle trägt der Sohn / die Tochter ebenfalls eine Brille. Untersuchen Sie, ob bei dieser Probandengruppe

a) das Sehvermögen der Jugendlichen vom Sehvermögen der Eltern stochastisch abhängig ist.

b) eine Abhängigkeit des Tragens einer Brille vom Geschlecht gefolgert werden kann.

1. Ein Fußballverein bietet seinen Fans zu den Auswärtsspielen jeweils eine Busfahrt an. Der Bus hat 50 Plätze. Aus Erfahrung weiß der Busfahrer, dass im Durchschnitt 8% der angemeldeten Personen zur Fahrt nicht erscheinen.

a) Wie viele verschiedene Sitzordnungen sind bei 50 Personen in einem Bus mit 50 Plätzen möglich?

b) Wie viele verschiedene Sitzordnungen sind in einem Bus mit 50 Plätzen möglich, wenn alle 50 mitfahrenden Personen paarweise kommen und diese Paare auch nebeneinander sitzen möchten?

c) Der Busfahrer nimmt 54 Anmeldungen an und hofft, dass mindestens 4 Personen nicht zur Fahrt erscheinen.
(1) Mit welcher Wahrscheinlichkeit erscheinen alle 54 angemeldeten Personen?
(2) Mit welcher Wahrscheinlichkeit erscheint eine der 54 angemeldeten Personen nicht?

d) Im Mittel sind 60% der Personen, die an der Fahrt teilnehmen, **J**ugendliche. Von ihnen kaufen 45% beim Busfahrer **G**etränke, während von den **E**rwachsenen 80% beim Busfahrer Getränke kaufen. Eine mitfahrende Person hat beim Busfahrer ein Getränk gekauft. Mit welcher Wahrscheinlichkeit handelt es sich bei dieser Person um einen Jugendlichen?

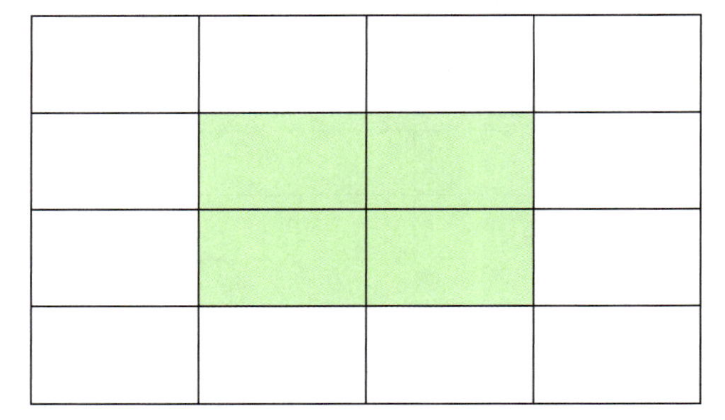

2. Bei einem Brettspiel, bei dem zuerst ein roter und dann ein blauer Laplace-Spielwürfel geworfen wird, verfolgen Anja, Benjamin, Christian und Daniela unterschiedliche Ziele:
Anja möchte, dass die Augensumme genau 7 ergibt.
Benjamin möchte, dass ein Pasch (zweimal die gleiche Augenanzahl) geworfen wird.
Christian möchte, dass der rote Würfel eine 6 anzeigt.
Daniela möchte, dass die Summe der Augenanzahlen mehr als 9 ergibt.

a) Zeigen Sie, dass jede der vier Personen die gleiche Gewinnchance hat.

b) Nun sollen Gruppen aus je zwei dieser vier Personen gebildet werden.
(1) Geben Sie alle möglichen Konstellationen von Spielerpaaren an.
(2) Welche Spieler haben „gegensätzliche" Interessen („unvereinbare Ereignisse") und werden daher sicher nicht zusammenarbeiten?
(3) Die Spieler welcher Spielerpaare haben Interessen, die voneinander stochastisch unabhängig sind? Interpretieren Sie die Bedeutung für das Agieren dieser Spieler im Spiel.

3. Ergänzen Sie die Vierfeldertafel und ermitteln Sie dann die Wahrscheinlichkeiten
$P(A \cap B) =$; $P(A \cup B) =$;
$P_B(A) =$; $P_A(B) =$;
$P_{\overline{B}}(A) =$ und $P_{\overline{A}}(B) =$.

	A	$\overline{A}$	
B	0,25		
$\overline{B}$		0,10	
	0,55		1,00

4. Ein Betrieb hat sich auf die Produktion von Handybauteilen spezialisiert. Erfahrungsgemäß sind 15% der produzierten Bauteile defekt. Einer Tagesproduktion werden 10 Bauteile entnommen. Mit welcher Wahrscheinlichkeit ist

a) genau ein Bauteil defekt?

b) höchstens ein Bauteil defekt?

c) mindestens ein Bauteil defekt?

Ein Prüfgerät zeigt ein defektes Handybauteil mit einer Wahrscheinlichkeit von 90% als defekt an; es zeigt aber fälschlicherweise ein nicht defektes Bauteil mit einer Wahrscheinlichkeit von 5% als defekt an. Erstellen Sie eine Vierfeldertafel und die beiden Baumdiagramme.

	Bauteil defekt	Bauteil nicht defekt	
Bauteil als defekt angezeigt			
Bauteil als nicht defekt angezeigt			

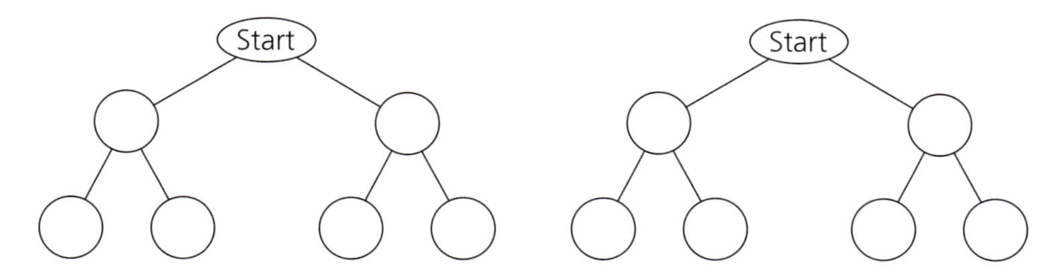

Mit welcher Wahrscheinlichkeit

d) wird das Bauteil vom Prüfgerät richtig beurteilt?

e) ist ein als defekt bezeichnetes Bauteil auch wirklich defekt?

f) ist ein als nicht defekt bezeichnetes Bauteil auch wirklich einwandfrei?

5. Bei einem Einstellungstest für den Polizeidienst kamen 40% der Bewerbungen von Frauen, von denen 90% den Test bestanden. Drei Viertel derjenigen Personen, die bei diesem Test scheiterten, waren Männer. Finden Sie heraus, wie viel Prozent der männlichen Teilnehmer den Test bestanden.

6. Durch eine Umfrage wird der Bekanntheitsgrad des neuen STARFIT-Müsli-Riegels bei Jugendlichen ermittelt. 16% der Befragten waren Jungen, die STARFIT nicht kannten; 52% aller befragten Jugendlichen waren Mädchen. Aus der Menge der befragten Jugendlichen wird zufällig eine Person ausgewählt. Die beiden Ereignisse
E_1: „Die befragte Person ist ein Junge“ und
E_2: „Die befragte Person kennt STARFIT“
sind voneinander stochastisch unabhängig.
Finden Sie den Bekanntheitsgrad von STARFIT heraus.

7. In einer Urne sind 2 blaue und 6 weiße Kugeln, die sich nur durch ihre Farbe voneinander unterscheiden. In einem Zufallsexperiment wird eine Kugel gezogen; dann wird ihre Farbe notiert und die Kugel in die Urne zurückgemischt.

a) Dieses Experiment wird sechsmal durchgeführt. Geben Sie die Wahrscheinlichkeiten der Ereignisse E_1, E_2 und E_3 an:
E_1: „ Die sechste Kugel ist blau"
E_2: „Die erste und/oder die letzte Kugel ist blau"
$E_3 = E_1 \cap \overline{E_2}$

b) Mindestens wie oft muss man aus dieser Urne mit Zurücklegen ziehen, um mit einer Wahrscheinlichkeit von mehr als 99,5% mindestens eine blaue Kugel zu erhalten?

c) Nun wird stattdessen nach dem ersten Zug nicht nur die gezogene Kugel, sondern noch eine weitere Kugel der gleichen Farbe in die Urne gelegt. Beim zweiten Zug wird genauso verfahren wie beim ersten, sodass nach dem zweiten Zug 10 Kugeln in der Urne liegen.
(1) Geben Sie mithilfe eines Baumdiagramms alle möglichen Urneninhalte nach dem zweiten Zug an.

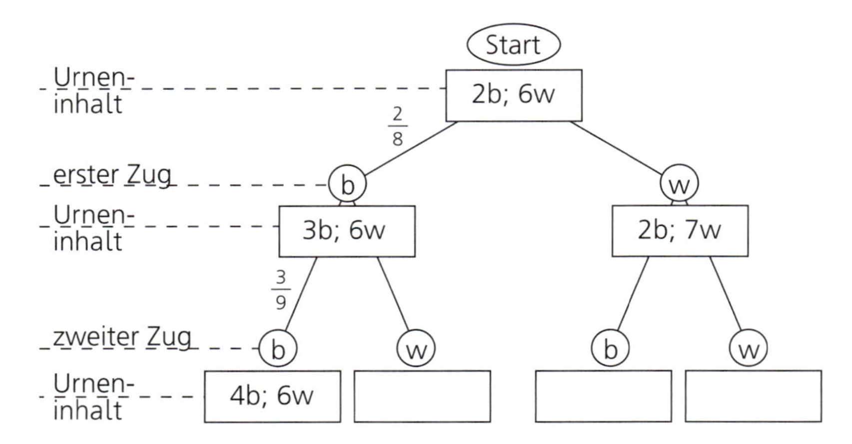

(2) Berechnen Sie die Wahrscheinlichkeit, dass nach dem zweiten Zug 3 blaue und 7 weiße Kugeln in der Urne liegen.
(3) Untersuchen Sie, ob die folgenden Ereignisse voneinander stochastisch unabhängig sind:
E_4: „Die erste Kugel ist blau" und E_5: „Die zweite Kugel ist weiß".

8. Untersuchen Sie anhand der Vierfeldertafel bei jeder der folgenden Aussagen, ob sie wahr ist:

	A	$\overline{A}$	
B	15%	55%	70%
$\overline{B}$	10%	20%	30%
	25%	75%	100%

a) Die Wahrscheinlichkeit, dass das Ereignis A oder das Ereignis B eintritt, ist 65%.
b) Die Wahrscheinlichkeit, dass entweder das Ereignis A oder das Ereignis B eintritt, ist 65%.
c) $P_A(B) = 60\%$
d) $P_{\overline{B}}(A) = 33\frac{1}{3}\%$
e) $P_A(\overline{B}) = 30\%$
f) $P(\overline{A} \cap \overline{B}) = P(\overline{A}) \cdot P(\overline{B})$

9. Der Schulsprecher **F**elix sowie die drei Schüler **C**laus, **D**irk, und **E**gon und die drei Schülerinnen **G**esa, **H**ilde und **I**sabel treffen sich zur einer Sitzung. Die Abbildung zeigt die Anordnung der Stühle. Geben Sie jeweils an, wie viele verschiedene Möglichkeiten für eine Sitzordnug es gibt, wenn Felix stets den Platz „in der Mitte" einnimmt

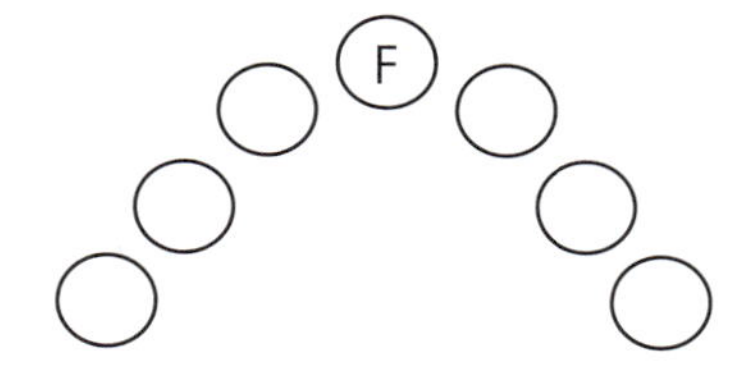

a) und sonst keinerlei Einschränkungen gelten.

b) und die drei Schülerinnen nebeneinander sitzen.

c) und Gesa und Isabel neben Felix sitzen.

10. Es ist $P(A) = 0{,}70$; $P(B) = 0{,}40$ und $P(A \cup B) = 0{,}81$. Ermitteln Sie die bedingten Wahrscheinlichkeiten $P_B(A)$, $P_A(B)$ sowie $P_{\overline{A}}(\overline{B})$.

11. Für die beiden untereinander unvereinbaren Ereignisse A und B über demselben Ergebnisraum Ω gilt $P(A) = a$ und $P(B) = b$ mit $0 < a, b, a + b < 1$. Zeigen Sie, dass $P_{A \cup B}(B) = \frac{b}{a+b}$ ist.

12. Das Kopfschmerzmittel Dolocap führt mit der Wahrscheinlichkeit p, das Magenschmerzmittel Gastralgon mit der Wahrscheinlichkeit p* zu Nebenwirkungen; die beiden Medikamente beeinflussen einander in ihrer Wirkung und in ihren Nebenwirkungen nicht.
Ergänzen Sie die Vierfeldertafel und das Baumdiagramm.

	Dolocap (ohne Nebenwirkungen)	Dolocap (mit Nebenwirkungen)	
Gastralgon (ohne Nebenwirkungen)			0,92
Gastralgon (mit Nebenwirkungen)			
	0,88		1,00

Start
N: Nebenwirkungen
N $\overline{N}$ Dolocap
N $\overline{N}$ N $\overline{N}$ Gastralgon

Dr. Mayer verordnet an einem Tag das Medikament Dolocap zehnmal. Mit welcher Wahrscheinlichkeit treten

a) bei mindestens einem
b) bei genau einem
c) bei höchstens einem

dieser zehn Patienten Nebenwirkungen auf?
Frau Knorr nimmt beide Medikamente ein. Finden Sie heraus, mit welcher Wahrscheinlichkeit bei ihr

d) keine Nebenwirkungen auftreten.

e) Nebenwirkungen von mindestens einem der Medikamente auftreten.

f) Nebenwirkungen von höchstens einem der Medikamente auftreten.

13. Der Betreiber eines Erlebnisparks befragt eine große Anzahl von Besuchern, ob sie aus der **R**egion kommen oder überregionale Besucher (**Ü**) sind. Ferner erkundigt er sich, ob sie mit dem **A**uto oder mit dem **B**us oder auf sonstige Weise (**S**) gekommen sind.
Die Befragung ergab, dass 45% der Befragten aus der Region kommen; von diesen Besuchern haben 68% das Auto und 28% den Bus benutzt. Von den überregionalen Besuchern sind 62% mit dem Auto und 36% mit dem Bus gekommen.

a) Zeichnen Sie ein Baumdiagramm und tragen Sie dann die Wahrscheinlichkeiten der sechs Elementarereignisse in die Tabelle ein.

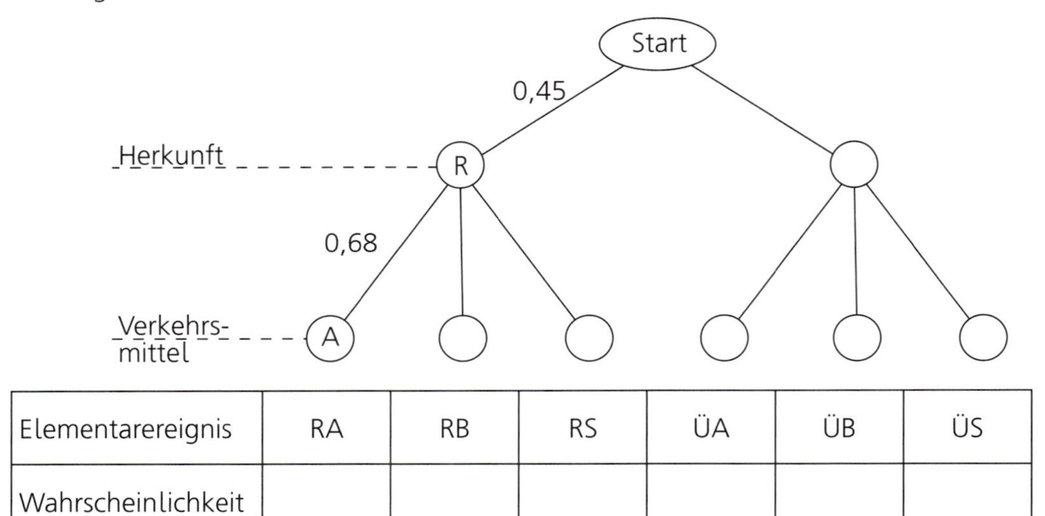

Elementarereignis	RA	RB	RS	ÜA	ÜB	ÜS
Wahrscheinlichkeit						

Geben Sie die folgenden Ereignisse in Mengenschreibweise an:
E_1(„Ein Besucher kommt nicht aus der Region oder er reist mit dem Bus an") = ______________

E_2 („Ein Besucher kommt aus der Region und er reist nicht mit dem Auto an") = ______________

b) An der Kasse des Erlebnisparks werden Bargeld und Kreditkarten akzeptiert. Die Wahrscheinlichkeit, dass ein Besucher mit Bargeld bezahlt, ist p. Im Folgenden werden zwölf zufällig ausgewählte Personen betrachtet.
(1) Mit welcher Wahrscheinlichkeit bezahlt im Fall p = 0,8 mindestens eine dieser zwölf Personen mit Kreditkarte?
(2) Finden Sie heraus, wie groß p mindestens sein muss, damit mit einer Wahrscheinlichkeit von mindestens 50% alle zwölf Personen mit Bargeld bezahlen.

c) Nach Angaben der Betreibers des Erlebnisparks gehen 75% der Besucher ins **V**arieté und 65% fahren mit dem **W**ildwasserboot, während 5% der Besucher keines dieser beiden Angebote nutzen.
(1) Beschreiben Sie die Ereignisse $E_3 = W \cap V$ und $E_4 = \overline{W \cup \overline{V}}$ in obigem Sachzusammenhang in Worten.
(2) Erstellen Sie eine Vierfeldertafel und berechnen Sie die Wahrscheinlichkeiten $P(E_3)$ und $P(E_4)$.
Untersuchen Sie, ob die Ereignisse W und V voneinander stochastisch unabhängig sind.

	V	$\overline{V}$	
W			
$\overline{W}$			
			1,00

Kapitel 7

Anwendungen der Differentialrechnung
Optimieren und Modellieren

1. Das Rechteck VIER ist 28 cm lang und 6 cm breit. Das Rechteck VI*E*R* entsteht dadurch, dass man die Länge des Rechtecks VIER um 2x cm ($0 < x < 14$) verkürzt und gleichzeitig seine Breite um x cm vergrößert. Finden Sie heraus, bei welchem Rechteck VI*E*R* das Quadrat VE*L*A* über der Diagonalen [VE*] den kleinsten Flächeninhalt hat. Konstruieren Sie das optimale Quadrat im Maßstab 1 : 4.

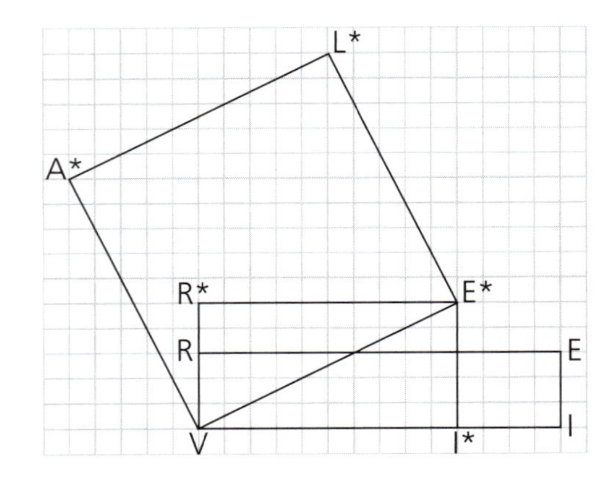

2. Das Trapez ABCD besitzt die Eckpunkte A (0 | 0), B (8 | 0), C (8 | 3) und D (0 | 15). Ihm wird ein Rechteck einbeschrieben, dessen Seiten parallel zu den Koordinatenachsen verlaufen.

a) Die Punkte P ($4 \mid y_P$) und Q ($2 \mid y_Q$) sind Eckpunkte von zwei einbeschriebenen Rechtecken.
Berechnen Sie die Flächeninhalte dieser Rechtecke.

b) Bestimmen Sie das einbeschriebene Rechteck, das den größten Flächeninhalt besitzt, und beschreiben Sie seine Lage im Trapez.

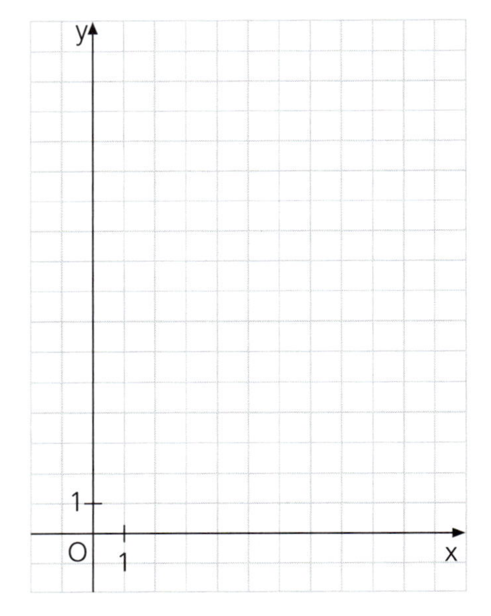

3. Bei dem Quadrat ABCD (Seitenlänge a) wird vom Eckpunkt D aus jeweils eine Strecke der Länge x ($0 < x < a$) mit dem Endpunkt E bzw. F auf [DA] und auf [DC] abgetragen (vgl. Abbildung).
Dann wird das Quadrat längs [EF] so gefaltet, dass das Dreieck FDE senkrecht zum ursprünglichen Quadrat steht. Der Punkt D wird mit den Eckpunkten A, B und C verbunden, sodass drei weitere Seitenkanten der fünfseitigen Pyramide ABCFED entstehen.

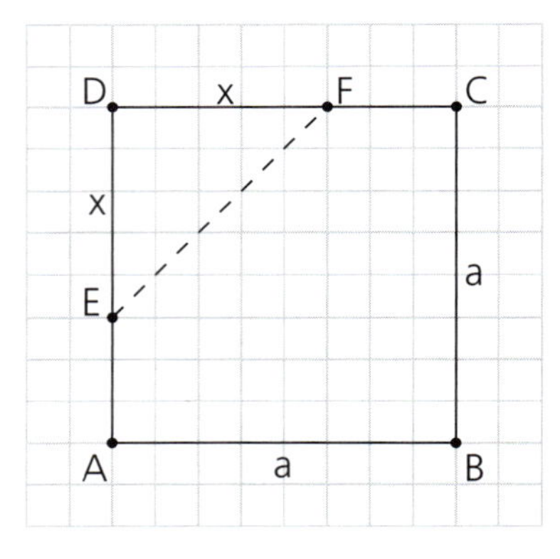

a) Geben Sie das Volumen dieser Pyramide in Abhängigkeit von x an.

b) Finden Sie heraus, für welchen Wert von x das Pyramidenvolumen maximal wird, und geben Sie V_{max} an.

4. a) Die Zahl 60 (die Zahl $2n$; $n \in \mathbb{N}$) soll so in zwei positive Summanden x und y zerlegt werden, dass deren Produktwert möglichst groß wird. Ermitteln Sie jeweils die Zahlen x und y.

b) Die Zahl 60 (die Zahl $2n$, $n \in \mathbb{N}$) soll so in zwei positive Summanden x und y zerlegt werden, dass die Summe der Quadrate dieser beiden Summanden extremal wird. Ermitteln Sie die Zahlen x und y sowie die Extremaleigenschaft.

5. Die Abbildung zeigt den Graphen G_f der Funktion f: $f(x) = x + 1 + e^{1-x}$; $D_f = \mathbb{R}$, und seine Asymptote g: $y = x + 1$.

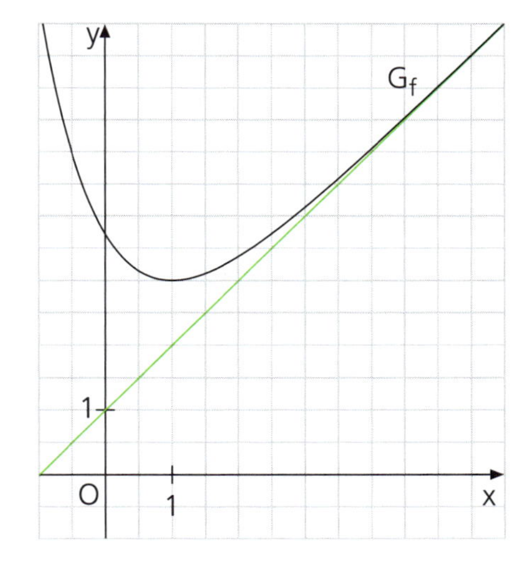

a) Die Gerade h mit der Gleichung $x = a$; $a > 0$, schneidet G_f im Punkt A und die Gerade g im Punkt I. Die Punkte A, R (0 I 1) und I sind die Eckpunkte des Dreiecks RIA.
Ermitteln Sie denjenigen Wert a^* von a, für welchen der Flächeninhalt des Dreiecks RIA extremal wird. Finden Sie Art und Wert dieses Extremums heraus.

b) Ändert sich an den Ergebnissen der Extremwertaufgabe a) etwas, wenn der Punkt R eine andere Lage auf der y-Achse einnimmt?

6. Die Abbildung zeigt den Graphen G_f der Funktion f: $f(x) = 2e^{-x}$; $D_f = \mathbb{R}$.
Die Punkte O (0 I 0), B (b I 0), E (b I f(b)) und R (0 I f(b)) mit $b > 0$ sind die Eckpunkte des Rechtecks OBER. Das Rechteck OBER rotiert um die y-Achse. Beschreiben Sie den dabei entstehenden Rotationskörper und finden Sie heraus, für welchen Wert von b sein Volumen V maximal wird. Geben Sie V_{max} an.
Berechnen Sie den Oberflächeninhalt dieses optimalen Rotationskörpers.

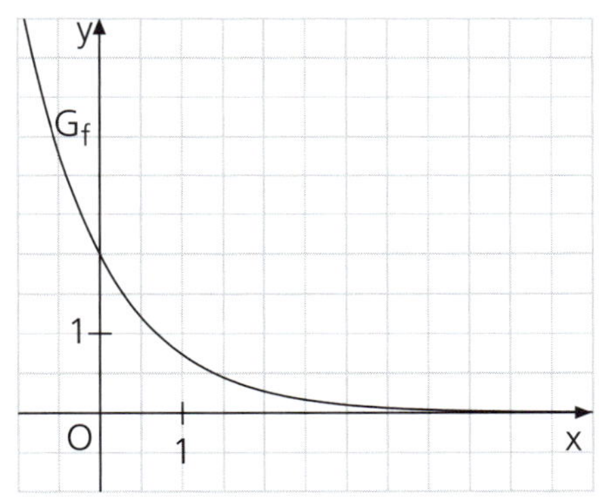

7. Die Abbildung zeigt den Graphen G_f der Funktion f: $f(x) = \frac{3x}{2x^2 + 1}$; $D_f = \mathbb{R}$. G_f besitzt den Hochpunkt $H\left(\frac{1}{2}\sqrt{2} \mid f\left(\frac{1}{2}\sqrt{2}\right)\right)$ (Nachweis nicht erforderlich).
Die Punkte O (0 I 0), L (3 I 0) und E_a (a I f(a)); $a > 0$, sind die Eckpunkte des Dreiecks OLE_a.

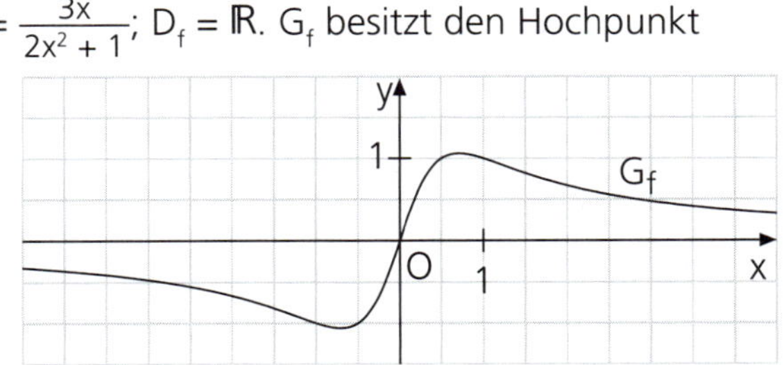

a) Begründen Sie ohne Rechnung, dass der Flächeninhalt A dieses Dreiecks maximal wird, wenn $E_a = H$ ist. Berechnen Sie A_{max}.

b) Ermitteln Sie diejenigen Werte von a, für die der Flächeninhalt des Dreiecks OLE_a den Wert 1 besitzt.

Anpassen von Funktionen an vorgegebene Bedingungen – Modellieren von Kurven durch Funktionsgraphen

1. Ermitteln Sie jeweils den Funktionsterm f(x).

a) Der Graph G_f einer ganzrationalen Funktion f zweiten Grads mit $D_f = \mathbb{R}$ verläuft durch den Ursprung O (0 | 0) sowie durch die Punkte N (4 | 0) und P (2 | 6).

b) Der Graph G_f einer ganzrationalen Funktion f dritten Grads mit $D_f = \mathbb{R}$ verläuft durch den Ursprung O (0 | 0) sowie durch den Punkt P (2 | 6) und berührt die x-Achse im Punkt S (–4 | 0).

c) Der Graph G_f einer ganzrationalen Funktion f dritten Grads mit $D_f = \mathbb{R}$ verläuft durch die Punkte N (–1 | 0) und T (0 | –1) und berührt die x-Achse im Punkt S (1 | 0).

d) Der Graph G_f einer ganzrationalen Funktion dritten Grads mit $D_f = \mathbb{R}$ hat mit der x-Achse die Punkte N_1 (–1 |0), N_2 (2,5 | 0) und N_3 (3 | 0) und mit der y-Achse den Punkt T (0 | –7,5) gemeinsam. Ergänzen Sie die Tabelle und geben Sie die Intervalle I_1 bis I_4 an.

x	$-\infty < x < -1$	$x = -1$	$1 < x < 2{,}5$	$x = 2{,}5$	$2{,}5 < x < 3$	$x = 3$	$3 < x < \infty$
f(x)	f(x) > 0	f(x) = 0					

f(x) > 0 im Intervall I_1 = ______________ und im Intervall I_2 = ______________ ;

f(x) < 0 im Intervall I_3 = ______________ und im Intervall I_4 = ______________ .

2. Die Parabel P verläuft durch die Punkte N_1 (0 | 0) und N_2 (–7 | 0); ihre Symmetrieachse ist parallel zur y-Achse. Die Tangente an P im Parabelpunkt B mit der Abszisse $x_B = -0{,}5$ ist parallel zur Geraden g: y = 2x + 6. Ermitteln Sie eine Gleichung der Parabel P.

3. Der Graph G_f einer ganzrationalen Funktion f vierten Grads mit $D_f = \mathbb{R}$
- ist symmetrisch zur y-Achse.
- hat mit der x-Achse den Punkt N_1 ($\sqrt{5}$ | 0) gemeinsam.
- besitzt den Tiefpunkt T (0 | 5) und die beiden Hochpunkte $H_{1,2}\left(\pm 1 \,\middle|\, \frac{16}{3}\right)$.

Ermitteln Sie ihren Funktionsterm f(x) und skizzieren Sie G_f.

4. Die Abbildung zeigt die Graphen der Funktionen
f: $f(x) = 0{,}5 \sin x$; $D_f =]-0{,}5; 4{,}5[$,
g: $g(x) = \frac{1}{\sqrt{x+1}}$; $D_g =]-0{,}5; 4{,}5[$ und
h: $h(x) = f(x) + g(x)$; $D_h =]-0{,}5; 4{,}5[$.
Ordnen Sie jeweils Funktionsterm und Funktionsgraph einander zu und begründen Sie Ihre Zuordnung.

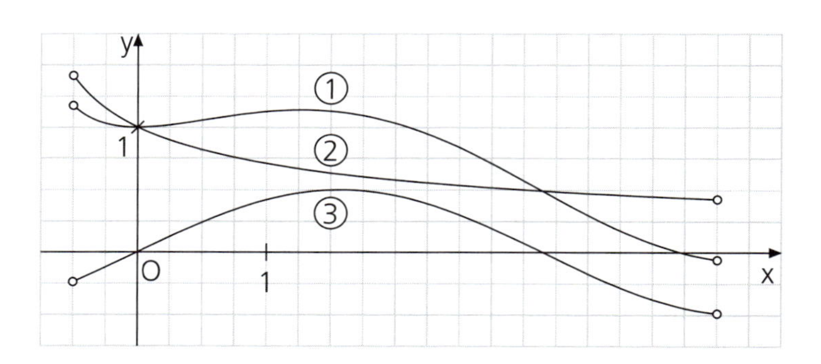

5. Finden Sie heraus, für welchen Wert / welche Werte des Parameters a der Graph G_{f_a} der Funktion f_a: $f_a(x) = (a + 1)x + \frac{1}{x}$; $a \in \mathbb{R}\setminus\{-1\}$; $D_f = \mathbb{R}\setminus\{0\}$, Extrempunkte besitzt.
Ermitteln Sie Lage und Art der Extrempunkte für a = 3.

6. Der Graph G_f der Funktion f mit $f(x) = 4e^x - e^{2x}$ und $D_f = [0; \ln 4]$ soll durch den Graphen G_p einer quadratischen Funktion p mit $p(x) = ax^2 + bx + c$ und $D_p = D_f$ angenähert werden.
Ermitteln Sie das Polynom p(x), wenn G_p durch die Punkte A (0 I f(0)), B (ln 2 I f(ln 2)) und C (ln 4 I f(ln 4)) verläuft.

7. Vorgelegt ist die Funktion f: $f(x) = \frac{a - x^2}{be^x}$; $a \in \mathbb{R}$, $b \in \mathbb{R}\setminus\{0\}$; $D_f = \mathbb{R}$; ihr Graph ist G_f.
Ermitteln Sie die Werte der Parameter a und b so, dass G_f den Hochpunkt H (– 1 I e) besitzt.

8. Die Abbildung zeigt den Querschnitt des Mauerwerks eines geraden Tunnels mit der Länge 800 m. Der Rand dieses Querschnitts kann in einem kartesischen Koordinatensystem (1 LE = 1 m) durch Graphen zweier quadratischer Funktionen und sechs Strecken beschrieben werden. Der Querschnitt ist symmetrisch zur y-Achse.
Ermitteln Sie die beiden quadratischen Funktionen.

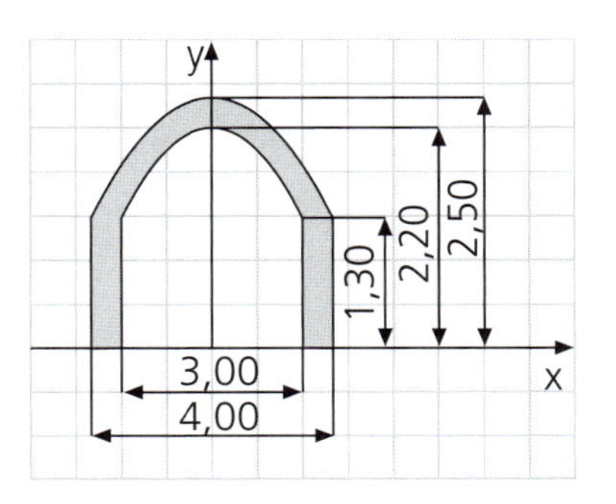

9. Der symmetrische Giebel eines Barockhauses soll rekonstruiert werden. Der Giebel ist in der Abbildung in einem Koordinatensystem dargestellt. Eine ganzrationale Funktion f mit $D_f = \mathbb{R}$ beschreibt im entsprechenden Intervall den oberen Giebelrand. Die x-Achse ist Tangente an den Graphen der Funktion f in den Punkten T_1 (–4 I 0) und T_2 (4 I 0) (1 LE = 1 m) Die maximale Höhe des Giebels über der Dachkante (x-Achse) beträgt 4,0 m.

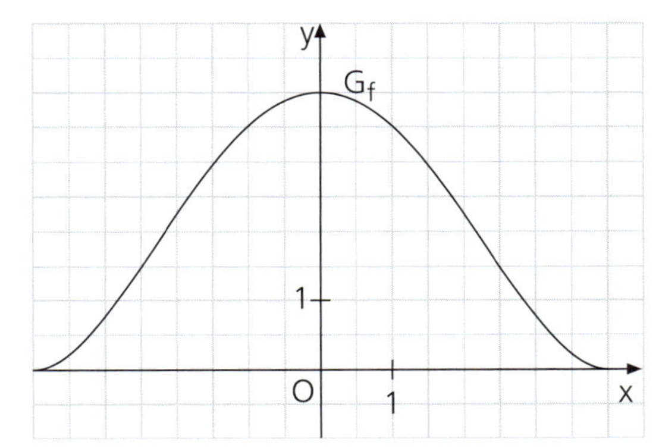

a) Begründen Sie, dass diese ganzrationale Funktion f mindestens vom Grad 4 sein muss.

b) Ermitteln Sie einen möglichen Term f(x) für die Funktion f.

c) Finden Sie einen Näherungswert für den Flächeninhalt des Giebels.

10. Die Gruppe „Die toten Rosen" gibt ein Konzert. Es beginnt um 20 Uhr (Einlass ab 18 Uhr). Der Besucherstrom soll durch eine Funktion g mit dem Funktionsterm $g(x) = k \cdot a^3 x^2 e^{-ax}$; $a > 0$; $k > 0$, modelliert werden. Dabei bedeutet x die seit 18 Uhr vergangene Zeit in Minuten; g(x) gibt die momentane Zunahme der Besucherzahl pro Minute an.
Bestimmen Sie die Werte der Parameter a und k, wenn das Maximum der Funktion g um 18.50 Uhr eintritt und 26 Besucher pro Minute beträgt.

1. Die Geschwindigkeit eines Schwimmers schwankt periodisch um einen Wert. Messungen beim Training haben ergeben, dass sich die Bewegung näherungsweise durch den Geschwindigkeits-Zeit-Funktionsterm $v(t) = 0{,}4 \sin(12t) + 1{,}5$ beschreiben lässt [Zeit t in s; Geschwindigkeit v in $\frac{m}{s}$].

a) Bestimmen Sie die Periodendauer.

b) Zwischen welchen Werten schwankt die Geschwindigkeit des Schwimmers?

c) Skizzieren Sie den Geschwindigkeits-Zeit-Funktionsgraphen.

d) Zu welchen Zeiten nimmt die Geschwindigkeit am stärksten ab?

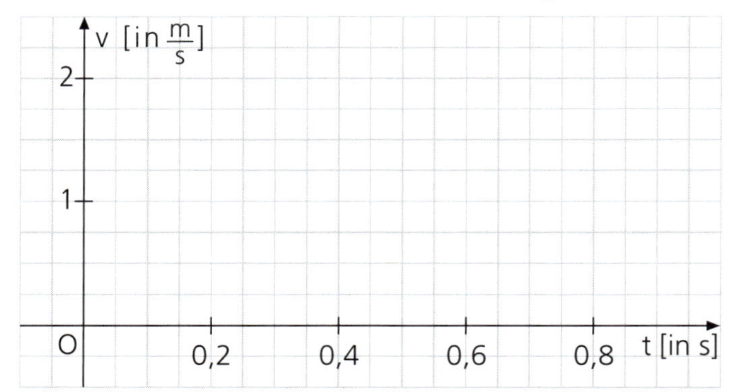

2. Eine Forschungsgruppe hat die Entwicklung des Fischbestands in einem See durch ein mathematisches Modell erfasst. Zu Beginn der Untersuchung lebten in dem See zwei Millionen Fische. Die Funktion f: $f(t) = \frac{e^t}{(1 + e^t)^2}$; $t \geqq 0$, beschreibt die Änderungsrate des Bestands [t in Jahren; f(t) in Millionen].

a) Untersuchen Sie das Verhalten von f für $t \to \infty$. Skizzieren Sie den Graphen G_f für $0 \leqq t \leqq 6$.

b) Weisen Sie nach, dass f streng monoton abnimmt.
Bedeutet dies, dass der Fischbestand abnimmt? Begründen Sie Ihre Antwort.

c) Weisen Sie nach, dass die Funktion F: $F(t) = 2{,}5 - \frac{1}{e^t + 1}$; $t \geqq 0$, eine Stammfunktion von f ist, und beschreiben Sie mit ihrer Hilfe die Entwicklung des Fischbestands.

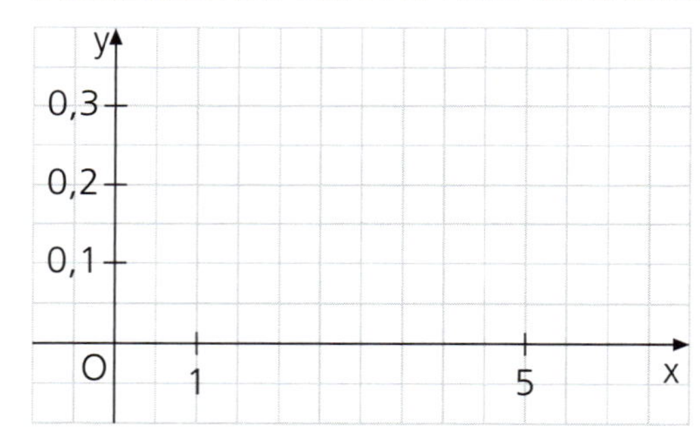

3. Die Abbildung zeigt den Graphen G_f der Funktion f: $f(x) = \frac{2}{(x-2)^2}$; $D_f = \mathbb{R}\setminus\{0\}$, und seine Asymptoten sowie die Gerade g: y = a; $a \in \mathbb{R}^+$. Die Gerade g schneidet G_f in den Punkten E und R ($x_E > x_R$). Die Punkte V (x_R | 0), I (x_E | 0), E und R sind die Eckpunkte des Vierecks VIER.

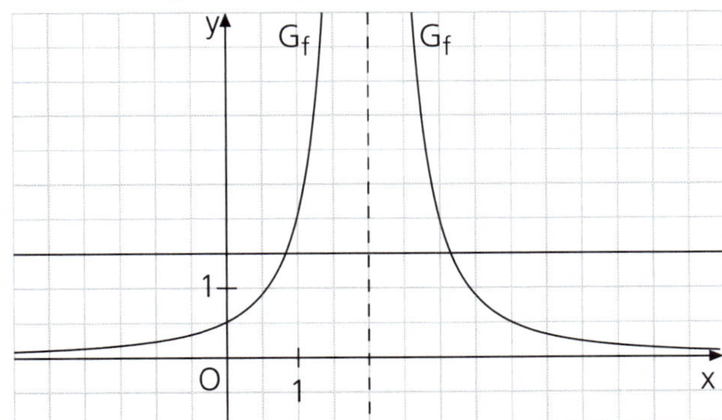

a) Begründen Sie, dass $x_E = 2 + \sqrt{\frac{2}{a}}$ und $x_R = 2 - \sqrt{\frac{2}{a}}$ ist. Was folgt daraus?

b) Finden Sie heraus, für welchen Wert des Parameters a die Umfangslänge U des Vierecks VIER minimal ist, und geben Sie U_{min} an.

4. Die Abbildung zeigt den Graphen G_f der Funktion f: $f(x) = x \cdot (1 - \ln x)$; $D_f = \mathbb{R}^+$.
Die Parallele g zur y-Achse [g: x = a; 0 < a < e] schneidet G_f im Punkt T und die x-Achse im Punkt R.
Ermitteln Sie denjenigen Wert a* des Parameters a, für den der Flächeninhalt A
A des Dreiecks ORT maximal wird, und geben Sie A_{max} an.

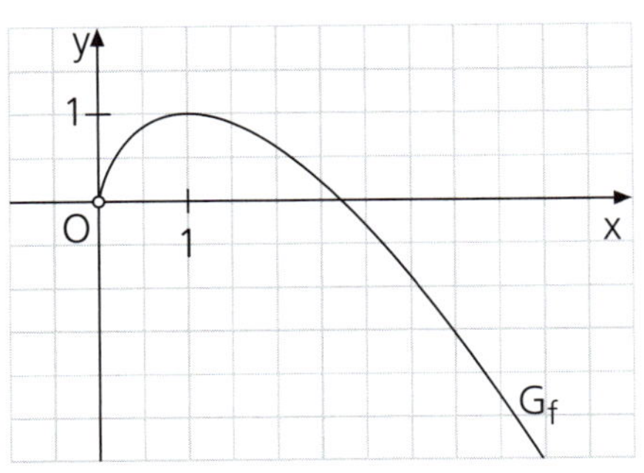

5. Gegeben ist die Schar von Funktionen f_k: $f_k(x) = 2k\sqrt{x} + (1 - k)x$, $k \in \mathbb{R}$; $D_{f_k} = \mathbb{R}_0^+$; der Graph von f_k ist G_{f_k}.

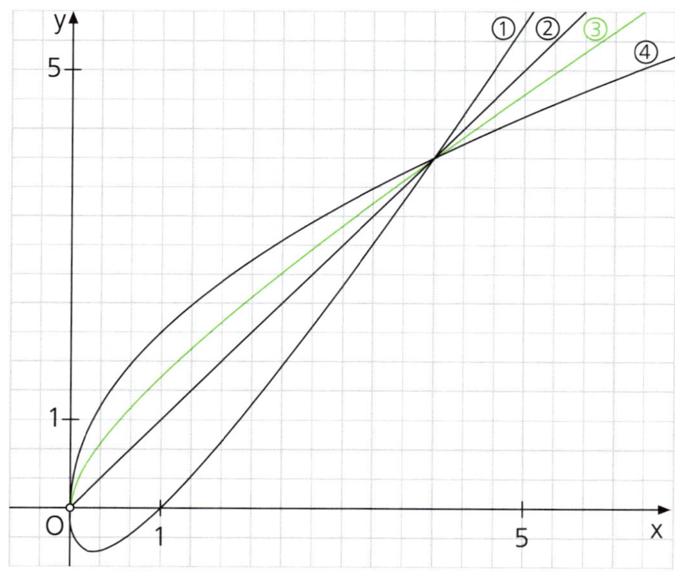

a) Die Abbildung zeigt die Graphen ① bis ④ der vier Funktionen der Schar mit $k \in \{-1; 0; 0{,}5; 1\}$.
Geben Sie die vier Funktionsterme an und ordnen Sie sie den Graphen ① bis ④ zu.

b) Zeigen Sie, dass die Punkte O (0 I 0) und Z (4 I 4) auf dem Graphen jeder Funktion der Schar liegen.
Berechnen Sie die Länge $\overline{OZ}$ der Strecke [OZ] sowie die Größe der spitzen Winkel, die die Gerade OZ mit der x-Achse bildet.

c) Zeigen Sie, dass die Tangente t_S an G_{f_k} im Punkt S (4 I $f_k(4)$); $k \neq 0$, die Gleichung $y = \left(1 - \frac{k}{2}\right)x + 2k$ besitzt. Die Tangente t_S schneidet die x-Achse im Punkt R und die y-Achse im Punkt T; ermitteln Sie für $k > 2$ den Flächeninhalt des Dreiecks TOR.
Finden Sie heraus, für welchen Wert $k^* > 2$ des Parameters k der Flächeninhalt A_{TOR} dieses Dreiecks ein Minimum besitzt. Geben Sie $A_{TOR\,min}$ an.

6. Gegeben ist die Schar von Funktionen f_k: $x \mapsto \frac{x}{k + x^2}$; $k \in \mathbb{R}^+$; $D_{f_a} = \mathbb{R}$; der Graph von f_k ist G_{f_k}.

a) Untersuchen Sie die Graphen G_{f_k} auf Symmetrie und die Funktionen f_k auf ihr Verhalten für $x \to \infty$ und für $x \to -\infty$.

b) Bestimmen Sie Lage und Art der Extrempunkte von G_{f_k} und ergänzen Sie die Monotonietabelle.

x	$-\infty < x < -\sqrt{k}$	$x = -\sqrt{k}$	$-\sqrt{k} < x < \sqrt{k}$	$x = \sqrt{k}$	$\sqrt{k} < x < \infty$
f'(x)					
Vorzeichen-wechsel von f'					
G_{f_k}					

c) Zeigen Sie, dass der Ursprung O (0 I 0) auf dem Graphen jeder Funktion der Schar liegt.

d) Zeichnen Sie G_{f_k} für k = 0,25 und für k = 1 in ein Koordinatensystem ein (Einheit 2 cm).

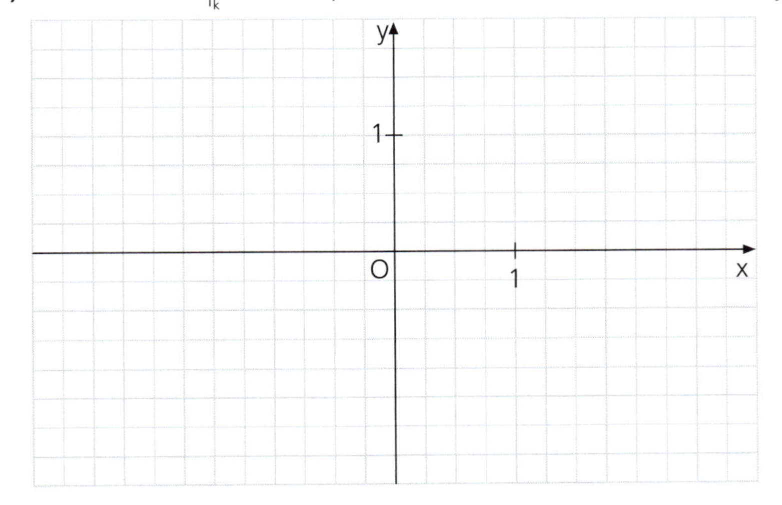

7. Die Abbildungen ① bis ③ zeigen Halbkreise (Radiuslänge r > 0) mit Mittelpunkt M_1 (0 I 0), M_2 (0 I r) bzw. M_3 (r I 0).

a) Begründen Sie, dass der Halbkreis ① Graph der Funktion f_1 mit $x \mapsto \sqrt{r^2 - x^2}$ und $-r \leqq x \leqq r$ ist.

b) Die Halbkreise ② und ③ sind Graphen der Funktionen f_2 bzw. f_3. Geben Sie jeweils Funktionsterm und Definitionsmenge an.

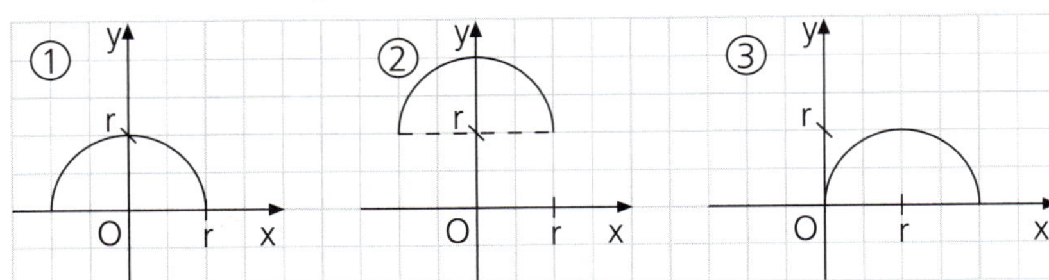

8. In der Medizin wird bei der Untersuchung der Schilddrüse radioaktives Jod-123 eingesetzt. Kurze Zeit nach der Verabreichung dieser Substanz an den Patienten wird die von der Substanz ausgehende Strahlung gemessen; die Messergebnisse ermöglichen dann Rückschlüsse auf den Zustand der Schilddrüse. Durch radioaktiven Zerfall verringert sich die im Körper des Patienten noch vorhandene Jodmenge m (in mg) laufend; sie lässt sich durch den Term $m(t) = m_0 \cdot e^{-kt}$ mit $k > 0$ beschreiben. Dabei gibt m_0 die zum Zeitpunkt $t = 0$ verabreichte Jodmenge (in mg) an; t ist die seit der Verabreichung vergangene Zeit (in Stunden).

a) Nach 13,2 Stunden ist nur noch die Hälfte der verabreichten Jodmenge vorhanden. Bestimmen Sie hieraus die Zerfallskonstante k von Jod-123.

b) Wie viel Prozent der ursprünglichen Jodmenge sind vier Stunden nach der Verabreichung im Körper des Patienten noch vorhanden?

c) Wie lange dauert es, bis 90% der verabreichten Jodmenge zerfallen sind?

9. Der durch fortlaufende Messungen ermittelte Verlauf der Temperatur im Freien an einem sonnigen Junitag kann durch eine Funktion f mit $f(x) = 8 \cdot \sin\left[\frac{\pi}{12}(x - 8{,}5)\right] + 21; \quad 0 \leqq x \leqq 24$ beschrieben werden [x in Stunden, f(x) in °C]. Die Abbildung zeigt den Graphen G_f der Funktion f sowie den Graphen G_g, der den innerhalb des Hauses gemessenen Temperaturverlauf wiedergibt.

a) Berechnen Sie, zu welchen Uhrzeiten die Außentemperatur minimal bzw. maximal war.

b) Finden Sie mithilfe der Abbildung heraus, wie viele Stunden lang die Außentemperatur an diesem Tag höchstens 22 °C betrug.

c) Der Funktionsterm $g(x) = 3 \cdot \sin\left[\frac{\pi}{12}(x - 12)\right] + 18$ beschreibt den Temperaturverlauf innerhalb des Hauses am gleichen Tag. Ermitteln Sie mithilfe der Abbildung die Uhrzeit, zu der der Unterschied zwischen Innen- und Außentemperatur an diesem Tag am größten war, und finden Sie heraus, wie viel Grad er zu dieser Zeit betrug.

d) Beschreiben Sie, wie der Graph G_g [vgl. Teilaufgabe c)] aus dem Graphen der Sinusfunktion (Funktionsgleichung: $y = \sin x$) hervorgeht.